普洱知行录

马嘉 著

 云南出版集团

YNK 云南科技出版社

·昆明·

图书在版编目（CIP）数据

普洱知行录 / 马嘉著 . -- 昆明：云南科技出版社，
2022.3（2022.6 重印）
　ISBN 978-7-5587-4166-1

　Ⅰ．①普…　Ⅱ．①马…　Ⅲ．①普洱茶－茶文化　Ⅳ．
①TS971.21

中国版本图书馆 CIP 数据核字（2022）第 043861 号

普洱知行录
PU'ER ZHIXINGLU

马　嘉　著

出 版 人：温　翔
责任编辑：吴　涯　龙　飞　吴　琼
助理编辑：唐诗超
整体设计：祥　子　鲁　建
责任校对：张舒园
责任印制：蒋丽芬

书　　号：ISBN 978-7-5587-4166-1
印　　刷：昆明木行印刷有限公司
开　　本：889mm×1194mm　1/32
印　　张：8
字　　数：140 千字
版　　次：2022 年 3 月第 1 版
印　　次：2022 年 6 月第 2 次印刷
定　　价：68.00 元

出版发行：云南出版集团　云南科技出版社
地　　址：昆明市环城西路 609 号
电　　话：0871-64190978

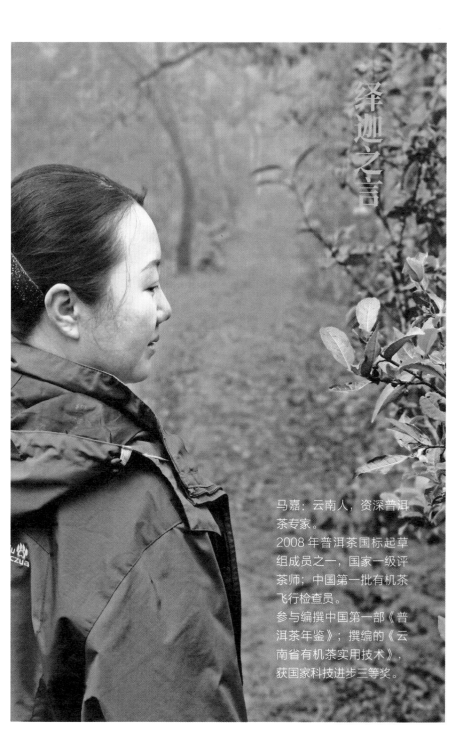

译迤之言

马嘉：云南人；资深普洱茶专家。
2008 年普洱茶国标起草组成员之一，国家一级评茶师；中国第一批有机茶飞行检查员。
参与编撰中国第一部《普洱茶年鉴》；撰编的《云南省有机茶实用技术》，获国家科技进步三等奖。

关于普洱茶定义的方方面面

1. 当我们谈论普洱茶的时候，我们在谈论什么……2

2. 普洱茶到底有多老…………………………7

3. 茶马古道上的人……………………………12

4. 普洱茶的生与熟……………………………17

5. 一切为了后发酵……………………………20

6. 茶饼的秘密…………………………………24

7. 储存的价值…………………………………28

8. 古树茶与台地茶……………………………33

9. 纯料与拼配…………………………………41

10. 熟茶与古树原料……………………………44

11. 茶区与著名山头……………………………47

12. 三访老班章…………………………………54

13. 再回易武……………………………………75

14. 第一个"哄抬"冰岛物价的人………………86

15. 千年古茶树故事之一

  ——千家寨野生型古茶树……………98

16. 千年古茶树故事之二

  ——澜沧邦崴过渡型古茶树……………108

17. 千年古茶树故事之三

  ——凤庆香竹箐大茶树……………112

18. 拉祜传奇的故事……………………………117

19. 普洱茶的"号级""印级""七子饼"

以及唛号 ·················124

20. 传说中的班禅沱是什么样的? ·············132

21. "88青"的故事 ·················136

22. 台湾对普洱茶复兴的重要作用 ··········142

关于买普洱茶的那些小知识

23. 普洱茶都贵在什么地方 ············150

24. 上茶山的衣食住行 ·············158

25. 初步了解普洱茶的制作流程和工艺 ······165

26. 买茶时常见的那些坑 ·············170

普洱茶怎么喝?

27. 撬饼是喝上好茶的开端 ···········186

28. 冲泡普洱茶的正确流程 ···········190

普洱茶怎么品?

29. 普洱茶的香气 ···············200

30. 普洱茶的体感 ···············206

31. 普洱茶的茶底 ···············212

普洱茶与养生

32. 普洱茶什么时候喝? ·············222

33. 适宜喝普洱的人 ··············226

34. 普洱茶的干仓与湿仓 ············238

35. 日常家庭存储 ···············242

后 记

36. 后记 ···················246

关于普洱茶定义

的方方面面

当我们谈论普洱茶的时候，我们在谈论什么

最近网上有一个很热门的"冷知识"，说我们平时喝的六大类茶——红茶、绿茶、白茶、黑茶、黄茶、乌龙茶，原来都可以用同一棵茶树上的叶子做出来。只要采用不同的工艺，就能做出不同的茶。

很多网友看了表示恍然大悟，原来如此。但其实这说法并不太准确。茶树有大叶种和中小叶种之分，普洱茶，就只能以云南大叶种晒青茶为原料。所以用做龙井的茶树叶子，是不能做出普洱茶来的。

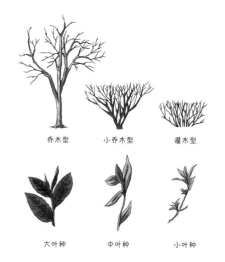

乔木型　　小乔木型　　灌木型

大叶种　　中叶种　　小叶种

　　我们定义普洱茶，除了看原料是否是大叶种茶树之外，还有严格的区域限制。2008年国家商标总局对于能生产并加工普洱茶的地理范围做出了规定，这个地理范围包括：云南省普洱市、临沧市、西双版纳傣族自治州、昆明市等11个州市所属的75个县639个乡镇。也就是说，只有在国标规定范围内种植加工生产的才能称为普洱茶，受国家法律保护。其他区域生产的一律不能称为普洱茶。

　　有一款在广东本地按照普洱茶工艺制作的茶，叫"广云贡"，一直以来，都作为普洱茶在销售。但2008年以后，"广云贡"就不能再被称为普洱

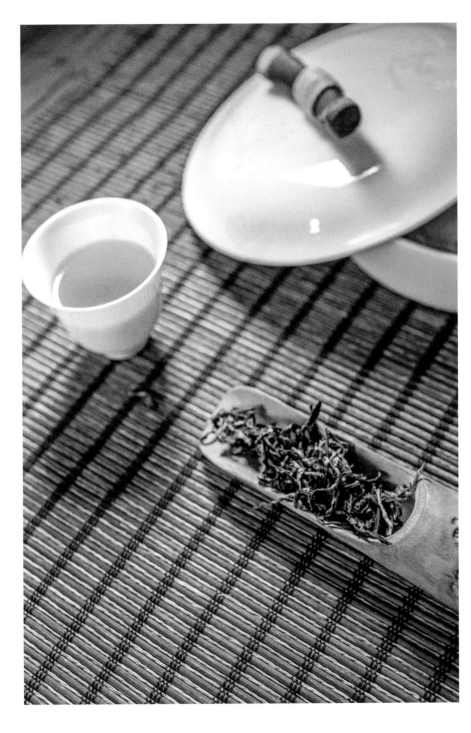

茶了。

说到这里，可以多讲几句对普洱茶家族来说很重要的"广云贡饼"。这个词，最早出于台湾著名茶人邓时海先生的著作《普洱茶》，后来，陈智同等海外茶人写的相关普洱茶著作中都有论述。"广云贡饼"中的"广"字，取义于广东，"云"指云南，"贡"指消费者称颂其品质的优良堪比古代"贡茶"。

20世纪50年代，普洱茶的主要消费区并不在云南，而是珠三角港澳台地区和东南亚。从1952年至1973年，云南省每年都向广东调拨数千担云南晒青毛茶。"广云贡饼"1958年开始批量生产，80年代出口日本的最高峰时能达到每年2500多吨。但这些仍不够，所以广东的技术人员就用云南茶青拼配本地茶青，研制出了一款"泼水茶"。这款茶进行了润水、渥堆等一系列新工艺试验，历经两年才成功，非常不容易。"泼水茶"采用的技术还曾经被列为国家二级保密技术，叫"人工加速普洱茶后发酵加工工艺技术"。这项技术解决了一个大问题，即时间问题。以前，普洱茶后发酵需要经过漫长时间自然发酵，产量往往跟不上市场需求。现在通过技术被人工加速发酵，时间上大幅缩短，从而极大提高了产量。

看到这里，熟悉普洱茶的朋友们不难发现，"泼水茶"就是熟茶的雏形。可以说，"广云贡饼"，是中国普洱茶近代发展史上的活化石。十五年后，昆明茶厂吴启英、勐海茶厂邹炳良、曹振兴等技术人员才将"泼水茶"技术带回云南，并在此基础上研发出了普洱熟茶。从此，普洱茶的新历史时代——普洱茶熟茶时代也就开始了。

普洱茶
到底有多老

普洱茶里的普洱，最早其实是茶叶集散地。云南有个古老的少数民族，叫哈尼族，"普洱"两个字就源于哈尼语，字面意思是"水湾寨"，也有亲切的"家园"的含义。普洱这个地方，一直都是普洱茶的集散地，普洱茶因为自古以来在这里集散，因而得名。

諸葛亮

王佐奇才儒者氣象
伊呂之間管樂之上

普洱知行录

公元 1729 年，也就是雍正七年，清政府正式
在云南省设立普洱府，并在普洱县专设贡茶茶厂。
现在的宁洱古城就是当年普洱府的所在地。

但清朝之前，普洱茶就已存在。民间一直盛
传，七擒孟获期间，诸葛亮见士兵为江中瘴气所侵

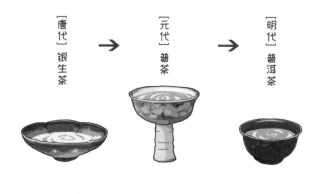

[唐代] 银生茶 → [元代] 普茶 → [明代] 普洱茶

纷纷病倒，遍寻当地找到了大叶子茶叶熬汤作为解药。后来，诸葛亮将这种解毒的方法传给了当地的百姓，并派专门的人员到当地采集茶籽赠送，并教他们农业种植的技术，从此茶叶种植就广泛地在西南地区流行开了。所以普洱茶有"武侯遗种"的说法，算一算，至少已有1700多年了。在普洱，当年诸葛亮路过的地方有孔明山，洗战马的小河称洗马河，宁洱城北郊斑鸠峰下诸葛亮扎营处建有"诸葛故垒"。

唐朝时普洱这个地区名字还叫做步日，隶属银生节度，也就是今天普洱和西双版纳一带，所以普洱茶的前身也叫做银生茶。元朝时被称为普茶，

明万历年才定名为普洱茶。普洱茶的极盛时期是在清朝，是皇家贡茶。

关于普洱茶如何得名，有一个传说。清乾隆时期，普洱古城里有家姓濮的大茶庄，祖辈以制茶售茶为业。濮家生产的团茶、沱茶远销西藏、缅甸等地，连续几次被指定为朝廷贡品。他们的制茶工艺包括选料、炒青、晒干、蒸压成型、风干包装。某一年，老庄主病倒，少庄主匆忙接过重任。那年雨水特别多，少庄主经验不足加上时间紧迫，本应晒得很干的毛茶没能完全晒干，就匆忙压饼装驮。一路经历了风风雨雨，走了一百多天才赶到京城，到了后发现原本绿中泛白的青茶饼已经变成褐色。

少庄主以为闯下大祸，差点自杀谢罪。有人偷偷撬了一块变色的茶饼冲泡，却发现汤色红浓明亮，口感又香又甜。于是这茶还是被送到了乾隆皇帝面前。乾隆很喜欢，问："此茶何名？圆如三秋皓月，香于九畹之兰，滋味这般好"。知道是普洱府所贡之茶，还没个正式的名字，乾隆便赐名"普洱茶"，并要求普洱府每年都要进贡这种口味的普洱茶。

后来，濮庄主和普洱府的茶师根据这批茶神奇的经历，研究出了普洱茶的加工工艺，其他茶庄也纷纷效仿，最终普洱茶的工艺才发扬光大。

二

茶马古道上的人

去过丽江的朋友，可能都见到过古城青石板路上留下的很多马蹄印，这就是茶马古道的痕迹。"茶马古道"是云南、四川与西藏之间的古代贸易通道，主要是用川、滇的茶叶与西藏的马匹、药材交易，通过马帮运输，所以叫"茶马古道"。这里的茶，就是普洱茶。

明朝时期有五条茶马古道，以普洱为中心向外辐射，普洱茶得以销售到中国各地，甚至欧洲。

清朝开始，易武生产的普洱茶年年岁贡，易武逐步成为了茶马古道的源头。易武茶由于质量好，加工认真，每年上贡的茶叶被指定为 66666 斤，意为六时吉祥。

据说清光绪年间，有易武青年因交通不便，错过了殿试。易武人给皇帝进献茶叶以换取年轻人的第二次机会，龙心大悦，御赐"瑞贡进士"牌匾。听老人讲，易武为此轰轰烈烈地庆祝了七天七夜，易武茶名声大振。

20 世纪 90 年代，有六个云南大学的年轻人，就靠着 6000 元经费，带着一个马帮，用三个多月

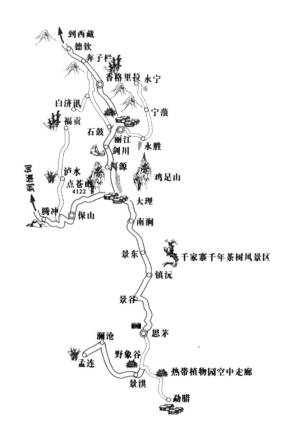

到西藏
德钦
奔子栏
香格里拉 永宁
白济讯 宁蒗
福贡
石鼓
丽江
剑川 永胜
洱源
泸水 鸡足山
点苍山
4122
大理
腾冲 保山 南涧
景东 千家寨千年茶树风景区
镇沅
景谷
澜沧 思茅
孟连 野象谷 热带植物园空中走廊
景洪 勐腊

的时间干了一件壮举。他们步行了两千多公里，翻越几十座 4700 米以上的大雪山，跨越数十条河流，从云南中甸北上到西藏昌都，再向东横穿横断山到四川康定，最后回到中甸。为什么走这么远呢？他们最终确认了一个以茶叶为纽带、从唐宋就存在的古道网络，命名为"茶马古道"。2013年3月5日，"茶马古道"被国务院列为第七批全国重点文物保护单位。

他们也不仅仅是走路，这一路，他们对滇、藏、川大三角地带的语言文化作了系统的考察，收集记录了近百万字的资料，拍下了三千多张纪实照片，录下上百盘民间故事和音乐磁带，采集了上千个实物标本。

这几个年轻人后来被人称作"茶马古道六君子"。六君子的名字分别是：木霁弘、陈保亚、徐涌涛、王晓松、李林和李旭。

普洱茶界公认，普洱茶独特的后发酵工艺就是马帮在长时间运输过程中形成的特殊工艺。

关于普洱茶定义的方方面面

普洱茶
的生与熟

　　关注茶叶知识的朋友都知道，茶叶分为六大茶类，分别是：红茶、绿茶、白茶、黑茶、黄茶、青茶（乌龙茶）。其中，绿茶是"不发酵茶"，乌龙茶是"半发酵茶"，红茶是"全发酵茶"，白茶和黄茶是"轻发酵茶"，普洱茶属于黑茶，称为"后发酵茶"。在普洱茶里，生茶是"自然发酵茶"，熟茶则是"人工发酵茶"。

　　显而易见，六大茶类里只有普洱茶分了生茶和熟茶。为什么这么分呢？是因为普洱茶有两条途径可以完成后发酵，一是自然存放，靠时间的积累，

17

让茶叶缓慢自然发酵。这种方式的茶就叫传统普洱茶或生茶。二是经过人工加速促成后发酵，这种就叫现代普洱茶或熟茶。

为什么熟茶又叫现代普洱茶呢?

讲"广云贡"茶故事的时候提过，普洱熟茶的工艺是 1973 年才发明的，1975 年后才正式投产，所以普洱熟茶也叫现代普洱。各位买茶的朋友要多留意，1973 年以前是没有普洱熟茶的。

新的生茶和熟茶，口感上有比较大的差异，这对于喝过普洱茶的朋友可能都有体会。不过特别老的生茶和熟茶色泽接近，还难免会有人混淆呢。

我有一个至交好友，有次得了一饼茶，自己泡了拍照给我看，说茶汤红亮，口感浓郁，一定是熟茶。等我回来后，他转手就送我了，说不太喜欢喝熟茶。我一尝，居然是三十几年的老生茶! 我默默地笑纳了，这茶也算是捡了个宝，至今我都没敢告诉他。偶尔拿出来泡一壶品尝。

绿茶
"不发酵茶"

红茶
"全发酵茶"

白茶
"轻发酵茶"

乌龙茶
"半发酵茶"

普洱茶
"后发酵茶"

生茶
"自然发酵茶"

熟茶
"人工发酵茶"

后发酵 一切为了

　　我们都知道普洱茶分生熟，这是因为普洱茶的制茶工艺，生茶和熟茶是不同的。我们先来看生茶。生茶压成饼，需要经过这些流程：采摘、摊晾、杀青、揉捻、晒青、蒸压成紧压茶。

　　熟茶的工艺从毛茶开始就不同了。熟茶是在晒青毛茶的基础上，经过 50 到 70 天渥堆发酵后，再经过翻堆、解块、筛分、分级拼配、蒸压成型。

　　从工艺上看，生茶熟茶的共同点都是在晒青毛茶基础上的再加工茶。晒青毛茶的加工方法决定了

茶叶是否能后发酵。生茶就是自然发酵，而熟茶，则是人工发酵。

不管是人工发酵，还是自然发酵，普洱茶都需要在蒸压成型后经历一个发酵的过程，才能达到最佳品饮的状态。压饼也是为了更好地发酵。

普洱茶最有价值的部分、也是跟其他茶类最大的不同，就是"越陈越香"的品质特征。也就是在后期的仓储中，通过一个完整的发酵过程，普洱茶才能产生陈化后独有的芳香类物质，多糖、果胶以及对人体有保健功效的微生物。

如果存储得不好，普洱茶的价值、口感和营养都会受到非常大的影响。

我有一个企业家朋友，早年得到一批大理无量山区域的普洱茶，自己储存了足足十年，非常珍惜。有一天我去他家做客，他兴奋地拿出来献宝。我观察这茶，虽然条索清晰，茶汤颜色金黄，但滋味出了问题。第一泡还有微弱的花蜜香，第二泡基本茶味都不够，像茶汤里兑了水。朋友大惊失色，这茶十年前买来的时候可是又香又甜啊，特别喜欢才小心翼翼保存了这么久，没想到现在完全失去了当年的风采。我看茶底，判断这茶当年做的时候工艺错了，用了前发酵的工艺，也就是做红茶的工艺，在摊晾的时候用了萎凋，杀青的时候用了低温长炒，这些工艺叠加在一块儿，导致这茶后期无法发酵，所以越存越没滋味了。

（2017 年摄于易武）

六

茶饼的秘密

有很多刚开始学泡茶的学生总跟我抱怨，说茶饼太难撬开了。普洱茶为什么要做成这样的形状，压得那么紧，这么不方便呢？

看过茶马古道遗迹的朋友，可能还记得那条石板路有多窄多崎岖。古代的茶马古道，几乎都是这种羊肠小道，道路两边崇山峻岭。因为道路非常狭窄，古代的马帮用他们长期的经验和智慧，总结出了一套根据地形和马匹的运力，装载最多茶叶的算法。茶叶压成饼状，就是从那时候流传下来的。

（2018 年摄于麻黑）

之前提过濮家茶庄的故事,他们的茶饼在送往京城的路上发生了发酵反应,才诞生了后来的普洱茶。传说不可考,但现代科学家们通过研究发现,紧压其实对普洱茶的发酵很重要。

根据研究,蒸压成型可以让茶叶本身的物理反应演变为化学反应,具体来说就是高温蒸压的过程中,茶里的果胶物质被挤压出来,表面产生粘合,有利于微生物附着,从而加快形成发酵。而且紧压,会使散茶阶段的有氧发酵转化为厌氧发酵,形成了完整的发酵链条。

(2019 年摄于茗艳茶厂)

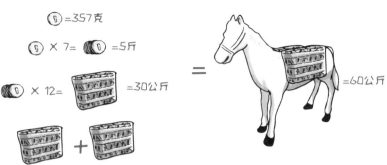

现在大家理解了为什么普洱茶要压饼，但为什么常见的普洱茶饼要做成357克呢？这也是智慧的马帮精确计算出来的。

古代马帮是这么计算的：每匹马的运力是60公斤，为了平衡，分为左右两垛，每垛就是30公斤。每一垛，可以放12提，每提7饼，一共84饼。12提30公斤，每提2.5公斤重，所以每饼平分得357克。

这就是为什么普洱茶经常用"提"来做计量单位，也称茶饼为七子饼。

储
存
的
价
值

　　经常有学生问我一个问题：普洱生茶多放几年是不是就变成了熟茶？现在大家只要了解熟茶和生茶是不同的工艺做出来的茶，就知道生茶无论放多少年都变不了熟茶。但所有的普洱茶，都需要放一放会更好喝，这是为什么呢？

　　普洱茶是用云南大叶种晒青茶为原料来制作的。大叶种茶叶本身，富含茶碱、茶多酚和单宁。多酚类物质产生苦涩，茶碱内含咖啡因，会产生苦味。单宁则涩感强烈，红酒口感涩，也是因为有单

宁。在普洱生茶的新茶阶段，这些物质都还在，所以会有明显的苦涩味道。

普洱茶放置的过程，就是在等着这些苦涩味道的物质在微生物的作用下慢慢转换。放几年以后，单宁物质会减弱，果胶、多糖类物质会出现，茶碱退化后茶也会慢慢变得醇和、苦涩度降低，自然就更加好喝。

这就是为什么人们常说，普洱茶越老越值钱。当然，这里有一个关键前提，就是储存得当的普洱茶，才越老越值钱。除了口感，持续的后发酵，会让普洱茶里的氨基酸也发生变化，对人的身体非常有利。所以保存很好的老普洱茶，一定比新的普洱茶更值钱。

记得2010年，我的闺蜜让我帮她老公买些熟茶。她老公有胃溃疡，曾经喝过别人送的一个沱茶，叫销法沱，喝完了特别舒服，请我帮她回云南找。

因为销法沱当时是由省公司出口香港转口法国的，我找到原省公司的经理。他私人果然收藏了一小批没有外包装的2003年的销法沱，每个沱250克，我就帮买了20个回来。

回到北京后，我约了一帮爱喝茶的朋友一起来品尝这款茶。在20个沱茶里随手挑了一个，当时打开绵纸就觉得这茶颜色有点怪，不是熟茶那么深的褐红色，微有些发青。茶汤一出来，色泽也是琥珀色，比熟茶的茶汤稍浅，汤色很透亮。我喝了第一口，瞬间被惊艳到。熟茶一般来说比较绵软柔滑，而这一口下去，明显地觉得这个茶是有棱有角有骨

骼的。不对啊，这是个老生茶呀！

　　我立即去问经理，原来他包茶给我的时候，包错了一坨，这个确实是老生茶。经理让我把这茶寄回去给他。我心里就咯噔一下，都开了的茶，他怎么还让我还回去呢？我说我买下来，您给个实话，这茶是哪一年的？我心里暗自判断应该是个 90 年代的茶，他说就是 1996 年的老生沱，而且还是布朗山的茶青做的呢。我想让他卖给我，但他支支吾吾不肯答应。难得遇到那么好的老生沱，我就特别执着，一直磨他，想买。我的好友小马哥很豪迈，说我们这么多人呢，众筹一下，他开价多少，还有多少存货，我们全要了。众人纷纷响应。经理没办法，告诉我他只剩一整箱 120 个，开价 3000 元一个。

听了这开价，当时起哄想众筹的大家都不吭声了，这一算要 36 万呢。小马哥夸出去的海口泼出去的水，一咬牙一个人全给买了。这样又过了两年，也就是 2012 年时，好品质的中期茶突然开始疯狂涨价。1996 年的老生沱市场上已经涨到了 8000 多元，品相还没小马哥买这批好。到 2016 年的时候，这个茶市场价就已经上万。早年那几个当时参与起哄又临时反悔的朋友都后悔不已。

这个茶，后来朋友们就只能在节假日，或者遇到什么高兴事儿的时候才能拿来尝一尝过过瘾。今年我过生日，十几个人聚会喝的就是这款茶。

古树茶与台地茶

现在普洱茶市场很热，很多人都在追捧古树茶。但要说古树茶一定好，台地茶一定不好，这说法是不准确的。

我们先来搞清楚这两个概念的区别。

我们通常讲的古树是指树龄百年及以上栽培型乔木古茶树。台地茶有个专业术语，叫现代高产密植茶园茶，也就是 20 世纪 60 年代中后期至今，茶农及农场开垦的茶园，像一层层梯田，所以俗称叫

（2017 年摄于攸乐）

云南省历年茶叶面积、产量情况表（行业调度数据）											
	2010年	2011年	2012年	2013年	2014年	2015年	2016年	2017年	2018年	2019年	2020年	累计产量
实有茶园面积（万亩）	552	565	580	586	595	620	633	657	700	721	740	
茶叶产量（万吨）	20.73	24.49	27.35	30.98	33.52	36.58	37.31	39.35	42.33	43.72	46.56	382.92
普洱茶产量（万吨）	5.08	5.56	8.13	9.59	11.43	12.9	13.4	13.9	14.3	15.9	16.2	126.39

台地茶。古树里还有野生古树，需要跟栽培型区别开来。纯野生古树茶因未经驯化，毒性未褪，是不能饮用的。

其实，不论是古树还是台地，并不能代表茶叶本身品质，只是茶树生育环境的不同而已。

云南现有茶园面积 740 万亩①，其中，栽培型古树茶只有 20 万亩左右。很多古树高达 3 米以上，有的甚至有几十米，生长缓慢，产量非常低，采摘困难。所以古树茶在市场上是稀缺产品，价格高昂且逐年上涨。这是物以稀为贵的原因。

台地茶就不同，人工选取优质树种密植高产，

① 1 亩 ≈ 666.67 平方米。

管理严格，采摘容易，大产量可以满足现在市场上
对普洱茶的巨大需求。正因为台地茶产量有保证，
对于现在规范市场价格起到了重要的平衡作用。

　　由于生长环境和繁育方式有这么不同，古树茶
和台地茶的叶片能看出明显差异。古树茶的鲜叶肥
厚粗大，芽头较少，叶面革质感明显，叶脉清晰，
叶边齿状无规律，叶背少毛。台地茶鲜叶比较单薄，
芽头较多，叶背多毛，叶子裙边起波浪，叶边齿状
呈规律性。

　　但茶友们判断古树和台地茶叶的时候，还不能
武断地认为叶片粗大厚实就是古树茶。大叶种茶树
的树种丰富多样，不同品种还有自己相对的特点，

有的台地茶叶片看上去也粗大厚实，譬如茶籽培育的台地茶鲜叶就更接近古树茶。不能简单地根据叶片是不是粗大厚实就下判断。

大概二十多年前，勐海的一位老师傅带我去看台地茶，问我：你知道什么茶是有爹有妈的，什么茶没爹没妈？

我一开始没明白，他掰着茶叶根茎给我看了以后，我才知道原来他的意思是指现在台地茶分为两种，茶籽培育的茶是有"爹妈"的，也称为群体种，能长出主根；另一种是扦插苗，因为用了剪枝扦插技术，属于没有"爹妈"的，所以每个根都一样粗细，没有主干。

其实我们现在的古树茶，也是千百年前的古人用茶籽培育的。假设我们现在种植非常稀疏，让茶树有足够的空间长高大，一百年后，它们也能被称为"古茶树"。只不过市场对茶叶需求量大，从20世纪60年代末70年代初开始大力推广茶园茶，台地茶都是密植，而且每年修剪，所以茶园茶没办

（2017 年摄于蛮砖）

法像古树茶那样长成高大的乔木。

为什么古树茶售价那么高？一方面，确实是因为产量低；另一方面，古树茶生长在云南多雾、海拔 800 ~ 1800 米之间的高山上，雨水充足，生态系统完整。古树成长百年以来，已适应当地的生态环境，并能抵抗各类病虫害，相对于其他茶而言，更自然、无污染，内含物质更丰富。

当然还有市场本身的商业运作。2005 年以前的普洱茶江湖是不讲什么纯料古树和台地拼配的区分的，随着市场的炒作，越来越多的茶客追捧古树茶，价格自然连年飙升。

纯料与拼配

普洱茶里常提到纯料和拼配。总有茶友问我，普洱茶里，纯料到底需要多"纯"？是同一棵古树上的叶子做成的茶饼，才叫纯料吗？

我们通常判断"纯"不"纯"，有四个标准：

季节：来自同一个季节的茶料。

区域：来自同一片茶山。

品种：来自同一个树种。

单株：来自同一棵树的料。

所以刚才说的那种情况其实是单株。我们可以

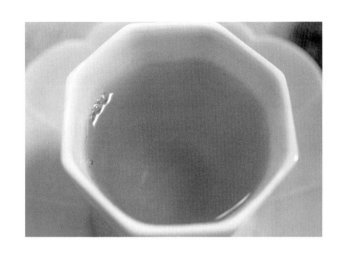

说单株是纯料，却不能说纯料一定就是单株。

但说实话，纯料其实是个相对概念，因为现实中同一个茶树区域里，茶树品种都不可能完全相同，很难做到"绝对"的纯料，只能说尽量在一个范围内统一。现在市面上纯料茶的普遍认知是同一个季节来自同一个山头的古树料。比如一饼纯料老班章，那就是来自老班章村的春茶古树的意思。

很多茶友在买茶的时候，一味追求纯料，但现在卖到天价的老茶品，例如红印圆茶、绿印、黄印、88青、雪印、8582等，其实都是拼配茶。这些拼配茶不仅卖得贵，从品质上来说也都是标杆型收藏级别的普洱茶。

　　所以说，拼配茶不意味着不好。从印级茶时代以来，拼配就一直是普洱茶的传统核心工艺。拼配茶其实是一个取长补短的工艺过程，有不同茶区的拼配，不同季节的拼配，不同等级茶青的拼配，创造出口感风味更加优秀独特的茶品。

十

熟茶与古树原料

　　有一次，我的一个学生拿来一个冰岛熟茶请我鉴定，说是用冰岛古树发酵的熟茶。那个茶看上去还不错，干净，喝起来滋味也还好的，但茶底颜色比较深，发黑发硬。我问他你确定这个是冰岛古树吗？他说这个上面写的是冰岛古树发酵的啊，挺贵的，一片 357 克的茶卖 3000 多元。

　　我又问他，你知道一个发酵渥堆的茶堆子，最少得多少重量？得多少数量茶青发一个堆？

计划经济时期勐海茶厂的堆子一般是20吨，到后期，最小的也得到7吨，现在有些茶厂也用小堆发酵，但最低不能少于两吨茶青，否则堆温就起不来。这就要求第一，必须具备足够大的渥堆场地，第二，必须有足够量的茶青。我们根据这个标准来推理，两吨的冰岛古树茶，如果按现在的价格，冰岛五寨周边的古树，即使拿最便宜的夏茶发酵，也不会低于1000块钱一公斤，两吨得投入200万呐！万一发坏了呢？当然不是说不可能，只是这种可能性比较小，因为冒的风险太大了。

除了场地和茶青巨大量的要求，熟茶需要技术成熟过硬的渥堆发酵技术人员来操作。就我们喝的这个"冰岛熟茶"来看，技术不对，烧堆了，工艺有很大的缺陷，渥堆堆温太高，茶底都已经炭化，不像是一个技术很好的师傅发酵出来的。所以这款茶，肯定不是冰岛古树做的。

普洱熟茶从诞生的那一天起，就是一个高度标准化的产品，无论用哪个山头的茶、无论是古树茶还是台地茶，因为统一标准的制茶工艺，最后茶品口味都趋于同质化。而古树茶的价值在于个性化，每一个山头每一个片区都有不同的香气、口感，带来丰富的变化。而熟茶很难去体现个性化，用古树原料制作熟茶，就用昂贵的个性化价格购买原料，生产出了共性化的产品，性价比很低。

这就是为什么很少有用古树茶原料来做熟茶产品。

茶区与著名山头

　　云南普洱茶分为五大主产茶区，主要以澜沧江为界作为纵坐标，以北回归线为横坐标；集中在纵坐标的东西两岸，横坐标的南北两边，滇西南部自南向北包括：西双版纳州、普洱市、临沧市、大理州、保山市，又以版纳、普洱和临沧的茶最为出名。

　　西双版纳茶区辖景洪市、勐海县、勐腊县三地，著名的古六大茶山，新六大茶山（除景迈茶山）都在其境内。辖内的勐海茶厂，即今天的大益集团，是近现代最为著名的普洱茶生产领军企业。

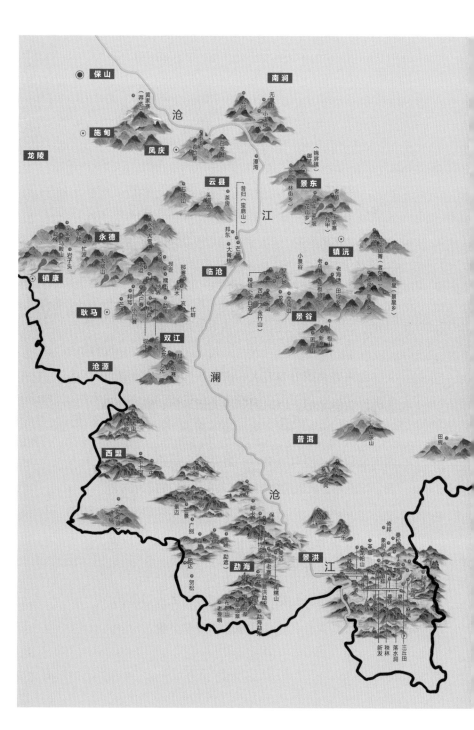

2007 年 1 月 21 日，思茅市更名为普洱市。普洱茶区辖 1 个市辖区、9 个自治县。分别是思茅区、宁洱县、墨江县、景东县、景谷县、镇沅县、江城县、孟连县、澜沧县、西盟县，1 区 9 县全都产茶，其中又以澜沧县境内的景迈山、邦崴、困鹿山最为出名。

临沧茶区辖临翔区、云县、凤庆县、永德县、镇康县、沧源县、耿马县、双江县，1 区 7 县全都产茶，其中又以双江县勐库镇冰岛村、云县白莺山、临翔区邦东乡昔归村、永德大雪山所产茶最为著名。

除了茶区，我们谈论普洱茶时常常会说"一山一味"，更看重的是普洱茶的"山头"概念。简单说就是生长在不同山头的茶，呈现出来的茶汤香气、滋味各不相同，这也是普洱茶个性化的突出体现。

从植物学的角度来说，不同地域，最适宜生长的茶树品种各有不同。大范围来看，普洱茶原料产地的地理位置分布差异并不大，但影响茶树生长的土壤、海拔、气温、降水、光照、微生物等因素的差异，却造就了每个小产区的茶叶在香气、滋味、口感等方面的表现都有较大区别。也就是说，是茶树品种不同的内因，和影响茶树生长的环境条件不同的外因，共同造就了普洱茶的山头概念。

云南著名的茶山太多了，涉及五大茶区。这里首先要介绍一下历史悠久的普洱茶古六大茶山。以澜沧江为界，划分为江内与江外古新六大茶山，形成两山夹江之势。

澜沧江以东江内六山又称古六大茶山，是横断山脉的余脉：分别是攸乐、革登、倚邦、莽枝、蛮砖、易武；行政区划除攸乐属景洪市管辖，其他五山均属勐腊县管辖。

澜沧江以西江外六山又称新六大茶山，是无量山脉余脉：分别为南糯、南峤、勐海勐宋、布朗、巴达、景迈；行政区划除景迈归普洱市澜沧县管辖，其余五山均属勐海县管辖。

而近几年市场上被茶友们热捧的当属老班章、冰岛和易武，有班章为王、易武为后、冰岛为妃的美誉。老班章属布朗山乡管辖。

（2021 年摄于白莺山）

（2018 年摄于象明）

十

三访老班章

老态龙钟的班章茶树，永远绽放着蓬勃的生命。

如果没有普洱茶，云南山区那些地名晦涩难懂的寨子，可能会如同几百年来一样默默无闻，更无人问津。然而，自21世纪初以来，因普洱茶的声名鹊起，这些藏在深山的寨子，仿佛一夜之间全都成了城里爱茶人挂在嘴上的名号，不懂这些名号的喝茶人，甚至可能会遭到白眼。倘若不知道老班章，都不好意思说自己会喝普洱茶。

老班章村，在云南省西双版纳州勐海县布朗山乡政府北面，是一个哈尼族村寨，海拔1700米。乘车从勐海到打洛的公路行10多公里后就到达勐混乡岔路口，再从岔路口向东沿田坝中的车路行车10多公里后开始进入山区，沿山路行约30来公里就到达老班章。

布朗山是勐海县老茶树最集中的地方，进入布朗山的第一个寨子叫贺开，第二个叫班盆，第三个寨子就是老班章了，然后是新班章，最后到老曼峨，再往南就出国界进入缅甸。老班章、新班章、老曼峨，这三个村寨属班章村委会下辖，三个村寨老茶树数量占全乡老茶树的90%以上。

喝过多种班章茶的人，都会觉得其味道居然各不相同。很多人高呼：好疑惑啊！到底什么才是真正的班章茶？什么才是真正的班章味？这，说来话长。

据考证，云南最早对茶树进行选育和人工种植的，是远古时期的"濮人"，今日的布朗族，正是古代濮人的后裔。班章村寨周遭的古茶树，是当年

（2017 年摄于王子山）

布朗族种下的。布朗族堪称世界上最早的茶农，他们迁徙到哪里就在哪里种茶，世世代代以茶为生，敬茶为祖，视茶为命。

其实，世代生存在澜沧江两岸的哈尼族、拉祜族、基诺族等少数民族，都是红土高原上栽培茶树的能手。不到 200 年前，哈尼族僾尼人从附近的山头迁居而来，接替了布朗族在老班章的茶树林，哈尼族管理老班章的茶树林之后，老班章杰出起来。

因为哈尼族坚守晒青古法制茶，拒绝化学农药侵害，传承原生态种茶制茶技艺。

据传，千百年来，每逢过节宰牛，班章寨的哈尼族都要送肉给布朗族同胞吃。一个懂得感恩天地自然，懂得感恩同胞的民族，有什么好运不会降临呢？

我在 2000 年到勐海查看春茶生产情况，第一次来到班章村。时任勐海县茶办主任曾云荣说，离勐海县城一个小时车程的一个寨子环境条件特别好，是发展有机茶园最理想之地，当地群众积极性也很高。我当时心想，一个小时车程不远，中午去，晚点就能回到县城。于是欣然同意前往。没想到，这一路，记载了我最难忘的班章之行，也同班章村也结下了深厚的情缘。

午餐后，老曾的北京吉普带路，我们的一个小三菱吉普紧跟其后，一路驶往班章村。一开始的 10 多公里油路国道后，很快进入塘石路。我们的车开始进入颠簸状态，塘石路面走了半个小时后，车子彻底进入土路，摇摆加跳跃状态。我的头一直在和车顶篷亲密接触的弹跳状态下，艰难前行。还有一个大土坡就快到寨子时，一个大坑让我们的小三菱彻底瘫痪，车子车桥钢板颠断了！剩下的路程，只能步行前往。这一路，用了快3个小时。

村支书带着我们一行四人去看了村边的茶园，那是我第一次看到老班章古茶园，看似老态龙钟的树上，发出郁郁葱葱的新芽，那种原始而旺盛的生命力，在坚韧的绿色中舒展，的确给人以巨大震撼。

聊完正事，驾驶员跑来找我说寨子里没有工具，车子当晚估计修不好了，我们只能在寨子里歇一晚。村民们高兴地邀我们在火塘边喝焖锅酒，吃芭蕉叶粑粑，这是这里招待客人的最高礼遇。火塘里的篝火映红了每个人的面庞，有人唱起了小调，有人应和，歌声和笑声，在茶山的空中飘荡，让我心潮澎湃。这么贫穷的偏远山村，人们的心里这么干净——茶叶能卖到30元一公斤，就是他们每个人的梦想！那么无忧无虑的山寨，这么宁静绵长的夜晚，至今回想起来，都美好得像一个不真实的梦。

2013年春，我和朋友们再次前往老班章，进山的路依旧崎岖颠簸，一进入村寨，我心中浓浓的怀旧之情已被各种变化击溃，飘散在空中。市场魔力，正在重新塑造着这个曾经宁静的小山村。原本全是黑瓦木头吊脚楼式建筑的寨子，眼下有一半已换成天蓝色有些刺眼的钢化屋顶。钢筋水泥结构的新房，正在取代木屋成为主流，虽说样式还是吊脚楼，感觉已然完全不同。过去盖木屋，就地取材即可。现在建一座新房，建筑材料全部从城里运进来，花的钱要比山外多一倍还不止。听说村里有一个四川人的建筑队，已在班章村干了10多年了，赚了不少钱。村里道路全是水泥新路，电线杆和电视接收线蛛网似地布满班章村的天空。除了新房和皮卡车、摩托车，茶价给寨子带来的改变显而易见。年轻人不一定都识汉字，但多能说云南口音的汉语，穿着打扮也和山外城里的别无二致。他们离不开手机和电视，会熟练地上网聊QQ。

沿途我们也经过了贺开、班盆等村寨，随便走进一家，主人都会热情地请我们坐下泡杯茶。但在老班章就不要想了，一泡茶，就喝掉主人家几十块

（2020年摄于老班章村）

钱，主人宁可请你吃饭。午饭后步行进茶园，同行的茶友遇上一男一女青年茶农采茶归来，茶友兴奋地高声问："你们的茶叶卖吗？多少钱一斤？"两人头也不抬地继续朝村里走去，男青年淡定地回答说："别问了，你买不起！"两位企业家经历了人生第一次被一个偏远山村的茶农鄙视的心理撞击。

我们曾停驻在村口拍照，看到赫然竖着一块："禁止拉鲜叶进村！"的牌子，突然身后风驰电掣地驶过两辆摩托车，车后驮着两大编织袋的茶叶冲进村里。傍晚时分，我们照例开始品茶，这才发现一位茶友以400元一片购得的班章茶，居然全是黄片做的，只值14元一片。她惶惶地说："那就叫它'悔恨班章'吧！"

我的大徒弟张孜打开购得的采自号称800年树龄的古树单株班章，只见它们有序排列，叶片厚大、芽苞紧结重实，绒毛长而密集，油嫩油嫩的，如出水芙蓉一般姿态婀娜。想象这妥善保存后，有一天这些茶芽变得金黄璀璨，一克千金，怎能不心向往之。注水开汤，大家惊喜地发现，这茶汤如此顺滑、

香浓、饱满,却不苦不涩,即使这么新的茶也没有明显的苦涩味!端望着这杯清亮的汤水,大家不得不感慨,这才是老班章本色!

如给我们带路的朋友二娃所言,在班章山上,不是班章也是班章;在勐海,是班章也不是班章。我常想,当年在篝火边弹唱的时候,我看到村子内心最为朴素的期望,这种期望的力量一点也不因贫穷而凋零。懂感恩、勤奋、善良、淳朴,最简单的

（2013年摄于老班章村）

生活信条，祖祖辈辈传承下来的巨大精神力量，造
就了独一无二的老班章文化底蕴。而今天，那颗朝
圣的心，再也寻觅不着。是一种什么样的力量改变
了班章人的恪守？

　　计划经济时期，绿茶在江湖上地位显赫，一芽
一叶，甚至单芽茶比一芽二叶、一芽三叶的茶贵一

倍还多。普洱茶这种大叶茶被生拉硬扯地拿去与小叶种茶叶对比，老班章古树茶这种粗枝大叶当然毫无优势可言。2000 年，勐海茶厂收购老班章的价格仅 8 元钱一斤，低于布朗山和勐海其他茶区的茶价。老班章卖不起价来，到 2001 年也只不过 11 到 12 元钱一斤。曾经有一段时间，老班章、班盆、老曼峨、新班章等茶，都拿到附近的贺开村公所卖，老班章是最便宜的，树越大的茶越便宜。

关于老班章，还有一段轶事。据说 20 世纪 70 年代末期，班章村张姓妇女早年丧夫，带着两个十四五岁的儿子艰难生活。由于在村里没有什么发言权，结果也没有分到好地。那时，班章村里的茶树，无论古茶树还是台地茶，都要按户分配，分给她的全都是当时离村较远的古茶树。古茶树采摘困难，离村又远，她苦哈哈地带着两个儿子坚守了 16 年。直到 21 世纪后，班章茶被发现，班章村声名鹊起，她时来运转，成为班章村第一个富起来的村民。

发现班章茶魅力，广东人功劳不小。2001 年，广东地区的茶商发掘了班章的普洱茶，他们自己收料送到勐海茶厂压饼，推出了赫赫有名的"大白菜"系列，2005年又推出了"布朗孔雀系列"。虽然是拼配料，但品质和口味胜过了当年其他的茶，班章茶价格由此始攀升。2002年，当其他地区的古树茶还在几十元一斤的时候，班章茶已经到了80～120元一斤。再后来，就开始有人上山收茶。从那时起，垄断和暗战便一直伴随着班章。越是这样，茶价涨得越猛。"今年的班章多少钱一斤"，成为百度里点击量相当高的"知道"。然而百度里不知道，老班章并没有那么多，远远没有淘宝里那么大的量。

班章，在傣语里意思是有桂花飘香的地方，这个桂花树飘香的地方分为两个寨子，一是老班章，另一个是新班章，两寨均为哈尼族寨。班章茶若要从行政区域来分，那就要算上老曼峨寨了，它有3200亩古茶树，行政区域上老曼峨、老班章均受班章村委会管辖，因此当地人说的班章茶一般指的是老曼峨、老班章、新班章三个寨子的茶。

据老班章原村长杨三爬介绍，老班章目前有

133 户，500 多人口，而新班章是在六十几年前由老班章分出去的一个寨子，目前有 100 户人家，距离老班章约有 17 公里。当年分寨时把部分老茶地分给新寨，后来新班章人为了方便采收茶，在新寨附近也种了新茶树。80 年代初开始，勐海茶厂在新班章村陆续种植了三四千亩自己的原料基地。严格来说，班章茶只能说是老班章及新班章两寨子的茶才算班章茶，两个寨的古茶园约有 6200 亩，主要分布在老班章和新班章寨子周围及附近的森林中。说到老班章茶，只能算老班章村寨子周围的乔木茶地的 4700 亩老茶树了。老班章村民人均不到100 棵古茶树，一年三季采收，年产干毛茶 50 吨左右。好年景的春茶季，最多也只有 15 吨左右干毛茶产量。

尽管环境在变，老班章在人们心目中的茶王的位置一如既往。

老班章古茶山上，茶树树龄皆为百年以上，属栽培型古茶树。茶园生态环境非常好，与森林共生，树龄古老，都是标准大叶种，茶树粗大，年代久远。

茶树龄和生长的野生环境决定着老班章的茶质好、茶气足、山野气韵强。

在云南大叶种中，论香气、口感、有很多古树茶比老班章优胜，但老班章能胜于易武、冰岛等名茶成为普洱茶之王，原因是多方面的。最主要的，是其风格特点非常独特。老班章茶具有两大特点，一是以质重、气强著称。口感厚重而协调，舌根上腭感觉苦味稍重，但回甘快、茶气强而持久，香气下沉，回甘强而集中于舌面中后部。二是耐泡度高，头春茶可泡二十多泡，且越泡越清甜，存放三年的老班章茶，汤色已呈金黄、油亮。品饮过老班章后，整个口腔和咽喉都会感到甜而滑润，会持续几个小时，在云南三大茶区中难找到风格近似的茶品。因此，班章为王，说的就是这个独一无二的存在感。

2018年春茶季，我和好朋友"郭大夫"一行，再次踏上班章的土地。

勐海县城到老班章的路已经由中石化投资修建成平整较宽的土基路面，两边的排水沟也在加紧建

（2018 年摄于老班章村茶王树）

设中。沿途看到全国各地车牌的越野车，我们只用
了一个小时，就顺利抵达老班章寨门。今日的寨门，
也是同样由中石化出资修建一新，很是有些气势了。

　　进入寨子，眼前已经是一个富裕的村镇，家家
户户都是三层以上的小别墅，每家的门牌都按村里
的统一编号，比如说班章村 42 号，也就代表着村
里的某一块茶地里的茶树及他家的班章茶，这是当

年茶树联产承包责任制的结果。在42号李燕家吃完丰盛的午餐，她用带着浓厚班章特点的普通话招呼我们一行人前往古茶园，拜见茶王树。原来的小土路已经被一条刚好可以会车的水泥路替代，路边一家茶叶公司搞采摘活动，花花绿绿的小卜哨（傣语小姑娘）占了一半路，准备在摄像机的镜头下盛装采摘老班章茶鲜叶。

听介绍，村里在实施老班章村的旅游开发，对老班章古茶园收门票管理。茶王树古茶园里，人头攒动熙熙攘攘，很是热闹。现在的茶王树，已被水泥砖头和篱笆围起来，平时供人拍照，春茶季供天

价疯采。跟茶王树合影，也得排上半天队，让人很替茶王树的剩余生命值担忧。

在这个茶园里，能听到全国各地的方言，不禁深深感慨：是老班章折服了众人？还是众人娱乐了班章？这样的场景，使得2018年的班章茶王树再次刷新售价，68万元/公斤！"郭大夫"眼里满是迷茫和失望，跟我说这个班章茶园，不是他梦中的班章，茶王树也没有王者的雄姿。我们一行在喧闹声中惆怅地离开了班章。采摘过度的茶王树，秃秃地留在那里。

再回易武

　　易武茶山位于勐腊县易武乡，种茶历史悠久。易武早在千年之前就有古濮人种植茶树，茶农种茶制茶经验丰富。到 19 世纪，倚邦衰落，易武茶山日渐兴旺，光茶号就有十几家。

　　易武面积约 750 平方公里，是古六大茶山中面积最大的茶山。因面积较大，也有人将易武茶山称为易武茶区，共分为七村八寨，七村八寨中最出名的麻黑、刮风寨、落水洞。易武七村分别是：麻黑村、高山村、落水洞村、曼秀村、三合社村、易比村、曼撒村。易武八寨分别是：刮风寨、丁家寨（瑶族）、丁家寨（汉族）、旧庙寨、新寨、倮德寨、大寨、张家湾寨。

（2018 年摄于易武乡）

　　易武茶区以易武大叶种、弯弓大叶种、绿芽茶
等树种为主，可以说是制作普洱茶最适宜的品种。
易武茶香扬水柔，刺激性较低，包容性较强，茶汤
柔和顺滑，口感清甜，苦涩感较弱，回甘好，综合
评价分最高，故有"茶中皇后"的称号。

　　据说传说中的易武"正山"本名"郑山"也就
是郑家梁子所在地，是易武主要的产茶区。由于这
里历史上专为同庆号、同兴号、车顺号等著名茶庄
提供原料，一度声名远扬。外人不知"郑家梁子"，

不知"郑山"，便以为是正宗易武山头的茶，这样以讹传讹"郑山"成了"正山"。翻开地图，整个易武版图上没有一个叫正山的地方。很多外地茶人来到这里欲一睹易武正山的风采，都难以实现这个愿望。殊不知郑山就在离易武镇5公里的地方。去麻黑、曼秀、落水洞的必经之地。

海拔1300米的易武，四周被群山包围着，据县志记载，茶叶贸易最盛的时期，这里的人口达20000人以上，200年之后，普洱茶的故乡易武，大大地衰落了，一度沦为深山中一个引不起现代人关注的小村落。如今，随着普洱茶的不断升温，又重新聚集起来不少客商，古镇似乎重新焕发出生机，尤其是每年的春茶季，世界各地客商云集，热闹非凡。

2012年春茶季，这个申报成功的云南历史文化古镇，并没有想像中那么具有文化味，到处在搞建设，仅有的一条街道两旁都有人家盖着新房。易武中心小学操场，是镇里唯一能放下大皮卡的地方，史上曾经是各地商业会馆所在地，同兴号、车顺号、福元昌号等著名茶庄的遗址均在附近。操场边上的古庙已经不见，新建起了一座崭新的仿古建筑——中国普洱茶古六大茶山文化博物馆。原来露在庙前的清道光十八年设立的茶案碑也陈列进了博物馆内。

小学校的孩子们围着我们的皮卡，正热烈讨论这是什么牌子，孩子们七嘴八舌的话语惊到了我们："这不是德国车，奔驰、宝马我们见得多了，也不是保时捷卡宴，也不是途锐，但一定是美国的改装车！"我们面面相觑，看来，普洱茶的确是太热了！

走过操场，一条青石板路的两边是墙体斑驳的老房子，这里是同兴号的遗址。青石板上依然可见马蹄印在石块间均匀地分布着，提醒我们这里是著名的茶马古道的起点。沿着旁边的另一条石板路朝上走，有几棵高大的榕树，上面缠满了藤蔓，走在路上，地上厚厚的落叶发出沙沙声。藤蔓上开着小花，当地人说这花因洁白如鸽子羽毛，形状犹如鸽子展开的翅膀而得名鸽子花。然而我们咨询了植物专家，说并不是，众人大感遗憾。

（2012年摄于易武古镇）

　　大树下面立着"马帮贡茶万里行纪念碑",碑是圆形的,取易武圆茶的立意,由六根柱子支撑,象征着古六大茶山。二百年前把普洱茶带出世界的马帮,就是从这里出发。令人无法想像的是这些赶马人,却是来自一个远离普洱县 600 公里、离易武 800 公里以外的地方——云南石屏。他们凭借敏锐的眼光,用石屏汉话与当地少数民族讲价还价,搜寻走了大部分的精品茶叶，从而使包括普洱在内的广大茶叶产区成为闻名遐迩的茶马古道的起点。

"瑞贡天朝"，这块清乾隆年间因所产团茶被指定为宫廷贡茶而获得的匾额，现在还挂在车顺号原址的老房子正堂。车顺号的后人依然做茶、销茶。听说因为利益的纠葛，后人们的纠纷争斗，匾额出现了两块，这里挂着的只是复制品了。

老房子的天井被温暖的阳光照射着，主人家热情地把我们让进堂屋，拿出一包已压制好的生茶茶饼，递了一片凑到我们鼻子底下，说："你们闻闻，这香的！今年的春茶！"同行一干人等都凑过去挑选，结果每人买了一片。我们说："我们买了你家这么多茶，泡一泡茶给我们尝尝吧，如果好，我们再多买点。"，话音未落，男主人立刻摆手说："今年茶太贵，没法给你们喝，我们自己家都是喝黄片，要不给你们泡黄片喝吧！"我们被今日易武人的小气震惊。我发现他家的女主人、一个60岁左右的老妇人正在旁边的一个簸箕里捡茶的黄片，于是好奇地坐在她的旁边。见我坐下，她好像有些紧张，

（2012 年摄于易武古镇）

可大大咧咧的我顺手从簸箕里拿了一根茶放嘴里嚼着，老太太不乐意了，马上拉着脸说："你不要吃这个茶，这个茶很贵的，5 块钱一根的！"我当场石化在那里。

离开易武，我的心绪很不平静。作为当年"马

帮进京万里行"活动的推动者之一，我的耳边反复又回响起当时的喧闹。今天当我再回易武时，心里却很复杂。易武茶是普洱茶的标杆茶之一，给了好茶者无穷的乐趣，也参与了俗世的浮躁与喧嚣。对它的评价，其实还是应该回归为在浮躁与喧嚣的日子里能带给我们平淡心境的茶品才能可持续发展。

普洱知行录

第一个"哄抬"冰岛物价的人

冰岛是个行政村，2005年以前当地人也称"丙岛"，属临沧市双江拉祜族佤族布朗族傣族自治县勐库镇。辖冰岛、地界、南迫、糯伍、坝歪5个村民小组，统称为冰岛村。每一个寨子都有古茶树，冰岛、地界、南迫在西半山，糯伍、坝歪在东半山。

冰岛茶区以勐库大叶种、冰岛长叶茶等树种为主，冰岛茶种是著名的勐库大叶种的重要组成部分，也是该县最早有人工栽培茶树的地方之一。冰岛茶

是 2005 年以后普洱茶的新贵，其茶汤甜度高，香气高扬，饱满顺滑，堪称普洱茶中让人惊艳的极品，故有"冰岛为妃"的称号。

2003 年 3 月，又是茶农最忙碌的季节，我照例要到各主产茶区了解春茶生产情况，双江县是临沧地区的第一站。到双江县后，王局长说带我去看看勐库大叶种的发源地，我兴奋地催着他赶紧出发，中午饭后，从勐库镇前往丙岛村。丙岛，也就是今天大家熟知的冰岛村，不过那时候，它还只是一个默默无闻、拥有一千多棵古茶树的偏远的产茶小寨子。

它位于勐库镇北边,距勐库镇政府所在地25公里,全是土路,交通不便。因地处偏远,路途艰险,外面茶商很少有人来这儿收购茶叶,茶叶也卖不出高价。加上南等水库在修建,原本就很难走的山路更加崎岖了。我们一行两台老式三菱越野车,颠簸了2个多小时,终于到达丙岛村,阳光火辣辣地照在身上,一头灰一头汗。

丙岛古茶园,有文字记载的时间为明成化二十一年(1485年),双江勐库土司派人选种200余粒,在丙岛种植成功150余株。1980年查证时尚存第一批种植的茶树30余株。2002年3月调查,有根颈干径0.3~0.6米古茶树1千余株。丙岛古茶树的种子在勐库推广繁殖,形成勐库大叶茶群体品种。清乾隆二十六年(1761年),双江傣族十一代土司罕木庄发的女儿嫁给顺宁土司,送茶籽数百斤,在顺宁繁殖变异后,形成了凤庆长叶茶群体品种。勐库大叶茶传入临沧县邦东乡后,最终形成邦

（2021 年摄于冰岛村）

（冰岛长叶茶）

东黑大叶茶群体品种。500多年来，勐库大叶茶直接从丙岛古茶园或间接向区内外、省内外、国内外大叶种茶区传播，仅临沧市就形成80多万亩规模。

　　满眼看到的寨子，就是一个字形容：穷！寨子里基本没有砖瓦房，都是破旧的竹楼或木板楼，楼上住人，楼下养牲畜，卫生条件极差。古树茶散落在寨子周边，也有一些散落在村民家房前屋后，长得枝繁叶茂，很是精神。寨子里只有一个毛茶收购点，是勐库戎氏戎加升老爷子建的。看完古树茶，我们一行人又渴又热，于是决定去戎氏的收购点喝杯茶。

水杯是常见的钢化玻璃杯，已经磨得有些花，一把沾满锅烟黑乎乎的大提壶烧上水，每个杯里随手抓一撮茶，山里最朴实的品饮开汤，在烈日下成为最奢侈的享受。这一口冰岛茶，也许是我一生之中最难忘的滋味。清清凉凉的感觉随着茶汤润入喉，伴随着丝丝入扣的凉甜，若有若无的兰香混合着蜜香，混沌中的整个人立刻就变得神清气爽起来，那一刻，仿佛酷热的天气也凉下来了。这样神奇的体验，从此让我对冰岛茶入迷。

临走时，一心想要带上一些冰岛茶回去的我，突然发现有三个蛇皮袋里装着的干毛茶，欣喜地询问收购点的老乡这个茶能否卖给我。穿着补丁裤子的老乡只是憨厚地笑着说："这是戎家的呢。"不死心的我依然缠着他说："我认识他，你卖给我，我去和他讲。"那时候的丙岛村，还没有移动通信设备，村公所只有一台手摇电话，随时通讯，还是不敢想的事情。经不住我的软磨硬泡，在茶已经喝到无味的时候，也许是被我的真诚打动，也许是大家七嘴八舌地帮我说情，老乡最后终于答应卖给我

（2021 年摄于冰岛）

其中一蛇皮袋干毛茶。欣喜若狂的我这才发现，过了称的茶有 20 多公斤，讲好的价是 80 元 / 公斤，1700 元现金，对我一个月 400 元工资的工薪族来说，是个大数！可是这茶我真心不能放弃啊！跟同行的 5 个人（都穷）纷纷掏出兜里的钱，七拼八凑终于凑齐了茶款，心满意足地离开冰岛回县城。

两台车一前一后离开丙岛村不远，唯一可进出的道路上，一路上五个嬉笑打闹的孩子们挡住了归途。落日的余晖，透过树林散射到他们身上，每个孩子都罩在金灿灿的阳光里。看到我们的车，孩子们立刻欢呼着跟我们打招呼，扬起沾着汗水黝黑的小脸蛋，那样纯真的笑容，足以融化所有的冷漠。我停下来问领头大概 十二三 岁的男孩子去哪里，他说要回镇上的学校上学。我们这才想起来，今天是周日下午，这个寨子没有完小，村里的孩子们要念书，都要到 25 公里之外的勐库镇上去。孩子们说他们每周五下午走路回家，周日下午再从家里带上一周要吃的米和咸菜走路回到学校。这群孩子，最大的十二三 岁，最小的才 6 岁，一周两次 25 公里步行，他们每次都需要走 7 个小时左右。王局冲

他们喊：我们带你们去镇里吧？孩子们惊喜地大声欢呼起来。5个孩子分坐两车，两个小的孩子我们抱着，就这样一路伴随着孩子们的欢声笑语返回了勐库镇。

晚餐时，天已黑。在县政府食堂见到了戎老爷子。一见面，不等我说话，他就笑着说："你这是杀家搭子的，抢我的原料！"我还没来得及分辨，就听到刚刚进门的分管副县长笑着大声说："呵呵呵，不但是抢原料，还哄抬物价！"我有些懵，楞在原地看着戎老爷子和副县长。副县长问我："你今天是不是在山里买茶了？多少钱一公斤买的？"

哇，我还以为通讯不方便呢，这消息显然跑得比我快啊。我赶紧打哈哈说道：买了买了！实在是难以割舍，太喜欢那个茶了，分了戎总的一袋，80元/公斤。副县长转头笑着对老戎说："你看，你们收购老百姓的干茶60元/公斤，小马把你们的收购价提高了20元/公斤，听说现在丙岛老百姓的卖价全部变成了80元/公斤了，你说说她是不是去哄抬物价了？"

我的眼睛瞪得老大，张着嘴看着他们，不知道该说什么才好。王局招呼大家吃饭，这才帮我解了围。边吃边聊，大家笑着一致认定我就是去哄抬物价的，我着急的申辩："没有啊，我不知道他们原来卖多少钱的，真心是太喜欢这个茶了，老乡说多少就是多少了呗。"副县长和王局笑着说：你就当扶贫了。老戎也跟着说："是嘞是嘞。"于是，我成了第一个到丙岛村抬价买茶的人。

这个"公案"每次跟老戎见面都要互相扯上几句，成为我们之间最真诚的友情组成部分。我买的那袋茶，最后还是厚着脸皮让老戎帮我压成饼寄回家了。如今戎老爷子也走了，留下的一生挚爱的茶事业也后继有人，也算欣慰啦。

常年在茶山行走的工作，让我不断接触茶山的茶农、茶商，几乎每一天都发生着与茶的故事。每一个故事里的人，都让我或感动，或惊喜，或愤慨，或深思。从丙岛回城路途中遇到的孩子们，那些天真淳朴的笑脸，不时从记忆深处跳出来，拨开我的思绪。想当年抱着孩子们坐车，看到他们破布袋子里装着的米和一小盒咸菜，眼泪都快流下来，心底里只能祈祷：什么时候丙岛村的茶能够卖出去，让他们的孩子也能在自己家门口上学，也能吃上肉，穿上不再有补丁的衣服啊。十五年过去了，我的那个愿望早就实现了，现在的冰岛茶，已经是普洱茶中皇族。柏油路从县城一直通到冰岛村，寨子里的老乡，也都是家家住上了别墅，家家有初制所。茶，依然是那个茶，但价格，却是我所不能及的了。市场经济的手，已经让这个偏远的小山村改头换面，丙岛已经是冰岛，茶，还是丝丝入扣的甜，人心却尝出了一点苦涩。

千年古茶树故事
之一——千家寨
野生型古茶树

　　市场上偶尔会出现打着"千年古茶树"的噱头的普洱茶产品，所以总有茶友来问我，这些茶是真的吗？真假可能要见到茶的时候才好辨别，不过关于千年古茶树的故事，倒是可以讲讲。

　　目前普洱茶界公认的千年古茶树，只有三棵。

　　一是普洱市镇沅县九甲乡千家寨野生型古茶树，距今 2700 年；二是临沧市凤庆县锦绣村香竹箐 3200 年栽培型古茶树；三是普洱市澜沧县宽宏乡邦崴 1700 年过渡型古茶树。

这三棵千年古茶树属于在册的受国家法律保护古树，位置如图所示。

我们先来讲讲镇沅千家寨 1 号野生型古茶树。

2001 年初，上海吉尼斯总部授予千家寨树龄 2700 年的 1 号古茶王树"大世界吉尼斯之最"的称号。同年 4 月，中外专家学者共 63 人云集镇沅，参加由中国农业科学院茶叶研究所、云南省茶叶协会、中共普洱地委、行署主办的第三届中国普洱茶国际学术研讨会。来自韩国、荷兰、美国、加拿大、中国大陆及台湾、香港地区的专家学者，考察了千家寨古茶树及万亩野生茶树群落，确认了千家寨上坝 1 号古茶树树龄 2700 年。千家寨野生茶王树的威名传遍全世界，在世界上是绝无仅有的，不可复制的。

公元 1838 年，英国人勃鲁士 (R.Bruee) 在伦敦印发了一本小册子，声称他在 1824 年到印度阿萨姆邦的皮珊发现了世界上最古老的野茶树，其最大者树高 43 英尺 (13.1 米) 径围 3 英尺 (0.91 米)，并断言 1753 年瑞典博物学家卡尔·林奈先生把茶的学名定为 "Tnee.Sinensis"（中国茶树）是错误的，茶树的原生地并不在中国，茶叶的历史当改写，茶叶原产地是英属印度。

其实，在勃鲁士 1824 年"发现最古老的野生大茶树"之后，1835 年，印度茶业委员会的科学调查团就发现勃鲁士的"最古老的野生茶树"与中国传入的茶树都属中国茶树变种，树龄不超过 150 年。

由于时空阻隔，也由于傲慢与偏见，把树龄连

（2003 年摄于镇沅千家寨茶王树）

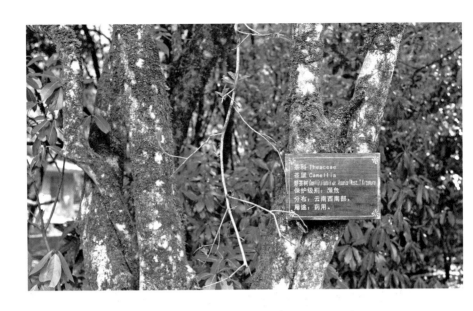

茶科 Theaceae
茶属 Camellia
野茶树 Camellia sinensis var. Assamica (Mast.) T.Kitamura
保护级别：濒危
分布：云南西南部。
用途：药用。

生长在中国普洱千家寨 1 号古茶树的重孙辈都不是
的茶树认为是最古老的野生茶树，后来成为了茶叶
界的千古笑谈。唐代陆羽生活在勃鲁士之前 1100
多年，他在《茶经》里就描述过两人合抱的大茶树。

关于千年古茶树，还有一场著名的官司。

2001 年 10 月 10 日，台湾天福集团天福博物
馆和镇沅彝族哈尼族拉祜族自治县人民政府签定了
领养千家寨野生古茶树合同。天福集团投资 20 万

元人民币，在千家寨小河坝建盖住房，并每年投入3万元人民币雇请4名工人常年守护古茶王树。对1号古茶王树周围架设了铁丝网，下方支砌了石挡墙加以保护。

时隔两年，2004年3月上旬，云南省茶叶协会组织专家对云南野生古茶树的生存状况进行调查。4月，时任云南省茶叶协会会长邹家驹结束考察后，撰写了一篇名为《寻普洱茶之源》的文章，表达了对古茶树王生存现状的担忧。文章中写道："（这株茶树）是我们此行见到的最大的茶树，可惜有一半的枝条已经枯萎了。树脚有两道石埂和两块石碑，不远处还修有亭子。这些行为无疑严重破坏了周围的原始植被……无疑，这对于一棵没有被驯化过的古茶树意味着死亡……90年代初，该'茶树王'还生机勃勃、英俊潇洒，而现在却已老态龙钟，气息奄奄。"

5月，总第262期的《南风窗》发表了记者尹鸿伟撰文的《滇茶异象——上篇："独家"保护古茶树？》一文，文中第三部分对茶树王枯萎的问题再次进行分析。天福集团则认为这两篇文章中的部分内容严重扭曲了其认养古茶树王的初衷，也侵害了企业利益。

邹家驹会长说，考察团的成员包括当地茶树良种所所长，云南农业大学周红杰教授等考察了茶树王的生长环境后都认为，茶树生长需要酸性土壤，而在茶树周围围建石埂、立石碑，其中使用的砂浆具有碱性，从而改变了土壤的化学成分，这是造成茶树王枯萎的最关键原因。原告方则表示，"天福"认养后，全权委托哀牢山国家级自然保护区镇沅县管理局进行管理，所有保护工作均由管理局规划、实施，天福集团只负责提供资金。

此外，邹会长认为天福集团要求该县每年提供10公斤"茶树王"干茶也是对茶树王的严重损害。镇沅县政协副主席吴小生（原副县长）介绍，迄今为止，李瑞河和天福集团并没有向当地政府索要过一片茶叶。因为茶树王是国家级自然保护区内的重点保护对象，所以当地保护局规定，不仅是古树王上的茶叶不准采摘，保护区内3万亩古茶树群落也

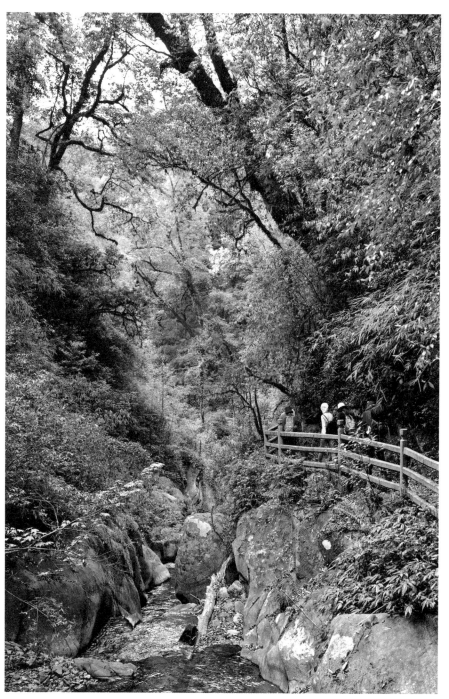

（2018 年摄于镇沅千家寨途中）

禁止采摘。

2700年古茶树的命运牵动着各方关注。9月1日，包括中科院昆明分院、云南农业大学茶学系、云南省农科院茶叶研究所、云南省农业厅、云南省茶叶协会等单位的20余名国内茶界专家齐聚昆明，共同探讨如何加强保护云南古茶树及其群落。

由于几十年来不合理采摘，过度开发，甚至大面积毁茶种粮、单一化茶园替代种植等导致茶树基因漂变，加之近些年商家过分炒作古树茶叶，古茶园生产的天然有机茶引起了国际国内市场的极大兴趣，受经济利益驱使，部分茶农杀鸡取卵、毁灭性采摘古茶园茶叶的事情时有发生，因此云南古茶园的面积由20个世纪50年代的50余万亩锐减至现在的20余万亩，古茶树及其群落面临着严重危机。邹家驹会长也在会上指出，云南类似镇沅古茶树王受"如此保护"遭致损害的案例并不鲜见。

与会专家呼吁，古茶树及其群落应该按照有关法规加以保护，尽快建立云南古茶树保护委员会，建立监护联络员，建立茶树档案，设立古茶树保护基金，做到专款专用。

云南省科委原主任张敖罗教授指出，保护措施必须符合茶树的生物学与生态学，由于古茶树年龄高，生态适应能力弱，不当施用化肥、农药、在古茶树周围修筑围栏等举措往往会破坏古茶树生长规律，任何人为干扰，实际都可能是好心办坏事。

十六

邦崴过渡型古茶树生长在海拔 1900 米的云南省澜沧县富东乡邦崴村新寨寨脚园地里。为乔木型大茶树，树姿直立、分枝密、树高 11.8 米，树幅 8.2 米 ×9 米，基部干径 1.14 米，最低分枝 0.7 米，树龄在 1000 余年，从古到今一直被当地茶民所采摘利用，但鲜为外界人所知。

1991 年 3 月，普洱地区茶学会理事长何仕华根据群众的反映，上山找到了这株大茶树，他丈量了树高、直径、树冠、分生枝杆，还收集了落地的

茶花、果和壳，并收集到茶树主人魏壮和家采摘加工的晒青毛茶样品。为了进一步考证这株大茶树的植物学特征、树龄及其价值，经何仕华提议，由普洱地区茶叶学会，行署外贸局、农牧局茶叶专家于1991年4月和11月两次对该茶树进行综合考察，并把采样送云南省茶叶研究所化验分析。结果显示，茶树所含化学成分和细胞组织结构与栽培型茶树相同，但树冠、花柱、花粉粒、茶果皮等特征与野生茶树接近，树龄千年左右。

邦崴大茶树既有野生大茶树的花果种子形态特征，又具有栽培茶树芽叶枝梢的特点，是野生型与栽培型之间的过渡型，属古茶树，可直接利用。专家组一致认为，邦崴过渡型古茶树，反映了茶树发源与早期栽培驯化同源，这株茶树的发现、填补了野生茶树到栽培型茶树之间的空白，彻底改变了茶叶原产地的传统学说，改写了人类种茶的历史，改写世界茶叶演化史，对研究茶树的起源和进化、茶树原产地、茶树驯化生物学、茶树良种选育、农业遗产与农艺史、地方社会学等方面的研究具有重要的科学价值。专家认定，澜沧邦崴古茶树是迄今全世界范围内发现的唯一古老的过渡型大茶树，它不仅是中国的珍稀植物和国宝，也是全人类的共同财富，为多学科、多方面的研究提供了科学依据，为中国茶叶史，世界茶史填补了一项重要缺环。

1993年4月，"中国普洱茶国际学术研讨会"和"中国古茶树遗产保护研讨会"在普洱举行。来自9个国家和地区的181名专家学者亲临现场考察，对邦崴古茶树进行研究，与会专家学者认为：澜沧邦崴古茶树通过分析其染色体组型，并与云南大叶种和印度阿萨姆种的核型对比，结果发现邦崴大茶树核型的对称性比云南大叶种和印度阿萨姆种对称性更高。证明邦崴大茶树是较云南大叶种和印度阿萨姆种更原始，起源更早的茶树，是野生型向栽培型过渡的过渡型的结论，以核型分析结果看是完全正确的。

这一结论轰动了世界。澜沧邦崴过渡型古茶树从此闻名于世界，它成为世界茶树原产地的坐标和活化石，它的存在和发现，解决了一个多世纪以来"茶树原产地在印度？还是在中国？"的争论，此前的一个多世纪，以英国学者为代表的学术流派依据印度阿萨姆种认为，世界茶叶原产地在印度。印度《阿萨姆评论》的承认和图文刊载就是最好的证明，事实胜于雄辩，邦崴古茶树有力地证明了世界茶叶原产地在中国云南，云南普洱是世界茶叶起源地和发祥地之一的地位。

为了纪念这一发现，中国国家邮电部于1997年4月8日发行《茶》邮票一套四枚，第一枚《茶树》就是澜沧邦崴古茶树，面值50分，它上了"国家名片"。

千年古茶树故事
之三——凤庆香
竹箐大茶树

　　澜沧江江湾里的小湾镇，锦绣村上寨村民小组毕文采家房后，海拔 2170 米香竹箐山坡上的这棵香竹箐古茶树，又称"锦绣茶祖"，是目前世界上发现栽培型最粗壮、最古老的大茶树。独特的江域地理环境，为枝繁叶茂、形如华盖的香竹箐古茶树提供了最佳的生长环境。香竹箐古茶树茶种为大理茶，树高达 10.6 米，树冠南北 11.5 米，东西 11.3 米，基围 5.84 米，根部周长 2.82 米，直径 0.9 米，周围 10 米以内都没有树木。主要形态特征：分枝较密，鳞片、嫩芽、新梢、叶背均有毛，但萼片无毛，栽培型古茶树特征明显。

1982年北京市农展馆馆长王广志先生以同位素扫描方法，推断其树龄超过三千二百年。之后，广州中山大学植物学博士叶创新对其进行研究，结论一致。2004年初，中国农业科学院茶叶研究所林智博士及日本农学博士大森正司对其测定，亦认为其年龄在三千二百年至三千五百年之间。2005年，美国茶叶学会会长奥斯丁对其考察后认为，香竹箐大茶树是迄今世界上已发现的最大的栽培型古茶树。

虽说树龄推算甚至比秦始皇年长近1000岁，很多植物分类学家对此树龄也持有不同的意见，但这并不妨碍它对人类茶文化的历史研究具有无以伦比的意义。就在这棵茶树王的身边，至今还有她的子孙1400多棵，连片集中，生长茂盛，有明显的人工栽培迹象。逢年过节，人们会来上香敬酒。2006年5月，来自中国台湾、中国香港以及马来西亚的茶界名人以及云南省澜沧江流域的苗族、傣族、佤族、藏族等8个少数民族的五千多人汇聚在香竹箐，祭拜了这株"地球上最大的古茶树"。先民们用大量的茶树种质资源繁衍后代，是茶树起源

地中心和人类悠久种茶历史的有力见证。对世界研
究野生古茶树的繁衍、栽培、驯化、培育茶树良种
等，都具有重大的现实意义。

　　关于茶起源之时间，茶叶学术界的传统观点和
茶叶专著多采用陆羽《茶经》中说的，"茶之为饮，
发乎神农氏……"。这便是茶起源于上古说的依据。
根据我国古年代测算，上古时代约在四五千年以前。

四五千年前古人就开始饮茶，为了生活方便也就要开始种茶。所以，我国大部分学者认为我国种植利用茶叶已有四千年的历史；香竹箐栽培型古茶树的健壮存在，也佐证了我国种植利用茶叶有四千年的历史。

中国和印度都有野生茶树生存，当印度人还不知种茶和饮茶的时候，中国发现茶树和利用茶树却已有数千年历史了，只是到了1780年，英国人和荷兰人才开始从中国输入茶籽在印度种茶。香竹箐古茶树3200年来健壮地屹立在云南凤庆这块神奇的沃土上，坚实地铸就起了中国是茶树的原生地，云南是世界茶树起源区域，云南西南部是世界茶树起源的中心地带不可动摇的历史地位。

云南以香竹箐古茶树为代表的大量栽培型古茶树的存在，完好地保存着茶树不同进化阶段的种性、种质特征，为科学研究世界茶树的进化，提供了不可多得的"活标本"。它的种质具有抗寒、抗旱、抗病虫、生存能力强、生命年限长，适应性广等优良的特点；为当今世界发展无公害的高优生态

115

茶园，提供不可再生的最丰富、最佳的活"祖种"；为培育无公害的高优生态茶种提供了取之不尽的基因源；为科学研究有性、无性、杂交、细胞等培育无公害的高优生态茶树良种，提供了宝贵的种质资源和无限宽阔的利用前景。正是有了以香竹箐古茶树为代表的大量的栽培型古茶树种质资源，孕育了有关茶叶丰富多彩的物质和精神文明，这些茶文化才能在中国和世界生生不息地传播和发展。

拉祜传奇的故事

在 2013 年春茶季的时候，我带领着一队学生去冰岛村。因为当时的冰岛茶就已经很有名气了，所以我们就把冰岛村当成了茶山行的第一站。当时我们一行人总共开了 5 辆越野车，第一天住在双江县城，第二天一早就出发，快中午的时候到了勐库镇。说来也巧，正好那天是他们的赶集日。车多人多，熙熙攘攘，把我们堵在了那里。当时着急的我还跳下车来指挥交通，结果等我们过了冰岛湖到山脚的时候已经是快下午了。我又渴又热又困，就睡着了。车到一个岔路口，车上的人叫醒我说："马老师，马老师，怎么走啊？往左还是往右？"我就迷迷糊糊地指了个方向。

一直往前没多久就看到了一个寨子，我们继续往寨子里开。走着走着路越来越窄，越野车比较大，渐渐寨子里的路就没有能过车的了。我就只好下车问路，看到一位老汉就忙上前问道："您好！请问这是冰岛村吗？"他说："这不是冰岛村！你们走反了。"我又问："那我们这怎么出去呐？"他说："你们得到寨子里小学校的操场掉头才能出去，还挺远的。"那位老汉给我们指完路就走了。我就心想着，来都来了，吃完饭再走吧。"你们先去寨子里的小学校把车掉个头，我去找户人家找点吃的！"说完我望了一下四周见有一户人家院里晒了两簸箕茶，就走了过去看到一位妇女背着个小孩正准备煮饭。我就问她："请问你们家能吃饭吗？我们大概十几个人"妇人说："哎呀！我们什么都没准备"我抬眼看到屋里挂着一串腊肉就问到："那个腊肉我们能吃吗？还有地里的青菜。"妇人说："可以的，可以的"。我转念一想像这种寨子一般都会养鸡，便问道："你们家有鸡吗？"妇人说："有

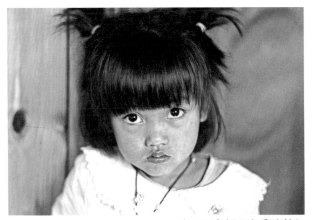

（2021 年摄于老曼峨村）

的，有的，不过得现抓。"我说："行，这些就够了！"然后她就高高兴兴地招呼家里人去准备了。

　　跟她说完，我转眼看向那两簸箕茶，就对那妇人说："能帮我找个杯子吗？我泡点茶喝，实在太渴了。"那妇人拿了一个脏兮兮的杯子来，我自己洗洗就随手抓了把刚进院的时候看到的那茶叶放杯里。哎！没想到这茶刚泡就香得不得了。喝了一口，这茶甜丝丝的而且特别柔和。我问那妇人："这茶是你们家的吗？茶树在什么地方？"她往院子后面一指说："是我家的啊！茶树就在后面。"我顺着她指的方向走去，穿过院子就看到一大片茶园。这

（2000 年摄于永德大雪山）

个茶园的茶树直径都很粗，树龄不低。这时妇人又说道："这些茶园在我爷爷奶奶那辈就有了，据我爷爷奶奶说这些树的树龄都在一百年以上了！"我当时估计了一下这片茶园大概有一亩多地，后面还连着一片茶园。我就问："那一片茶园是谁家的？"她说是她叔叔家的。我又问她："你叔叔家还有没有这种干毛茶？"她说："应该还有一点点吧。"我说："那你拿来点，我尝尝。"待她把茶拿过来我对冲了一下，喝完以后发现这两个茶是一个滋味，都非常好，于是我就对她说："你把你们两家只要是卖的干毛茶称一下有多少？我都买了！"称完以后大概一共有个 100 公斤左右，我全买下了。

吃饭的时候我们就开始闲聊，我就问她："你们是拉祜族吗？怎么这是个拉祜寨子？"她说："我们这两家都是汉族。"当时我就奇怪了，拉祜寨子怎么这么多汉族人呐？她说，听他们爷爷奶奶那辈的人说，早些年整个寨子差不多有四分之三的人都是拉祜族人，祖祖辈辈就在这里种茶、制茶。只有四分之一是汉族人，汉族人就在这酿酒，然后卖给拉祜族人。热爱喝酒的拉祜人因为贪杯，久而久之

喝到没钱支付酒钱，一开始就拿茶叶给汉族人当酒钱，再接着就拿茶树抵，最后把茶地都抵给了汉族人。酒的需求太多，少数的汉族人忙不过来，就把自己的亲戚朋友都叫过来帮忙酿酒，然后卖给拉祜族。失去了茶地的拉祜族人不得不迁居到山上。所以现在这个寨子里变成了三分之二的汉族人只有三分之一的拉祜族人了。

吃完饭后我给主人付饭钱，茶农死活不收，说我们还买茶了。我们一行都感慨茶农的淳朴，钱还是硬塞给了女主人。路上一直想着她讲的故事，充分表现了边疆民族地区的人口和民族的变迁。因缘际会，我给这款茶命名为"拉祜传奇"。

十六

普洱茶的「号级」「印级」「七子饼」以及唛号

"号级""印级""七子饼"是普洱茶发展的三个重要历史时期。

"号级茶",是指清光绪年间至 1950 年初,一批拥有自有品牌,制作并经营普洱茶的私人商号生产的普洱茶,按照各自商号名称来命名销售,俗称"古董茶"。如:敬昌号圆茶、福元昌号圆茶、车顺号圆茶、宋聘号圆茶等等。这个时期的茶品都

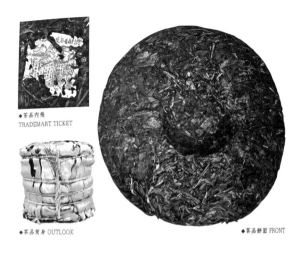

◆茶品内飞
TRADEMART TICKET

◆茶品简身 OUTLOOK

◆茶品饼面 FRONT

◆茶品简票 STACK TICKET

是裸饼，直接用笋叶包装，没有绵纸，标志和名称印在一张小的糯米纸做成的内飞上，产品说明印在一张长方形大票上。

　　这类茶一饼动辄百万，留存实物极少，基本上都在藏家手里，能喝得上的都属于机缘巧合。

"印级茶"，是指 1950 年至 1968 年（通常按
1970 年记）期间的茶品。产品以中国茶业公司统
一发布的"中茶"商标茶印为主，这个时期已经进
入工业化制茶时代，以拼配茶为主，茶品用印有"中
茶"商标的绵纸单个包装后，按七饼一筒，再用笋
叶包装。

1951 年 9 月中茶牌商标注册成功，在绵纸包装上，中茶公司所产的普洱茶茶饼的绵纸正面都印着八个"中"，八个"中"字组成的圆圈内，有一个"茶"字，是为"八中茶"标志。八中茶的"茶"字因当年的刻板印刷技术原因，中间茶字因套色晕色，出现蓝色及黄色，按照不同颜色标示，红印为第一批，俗称"大红印"；绿印为第二批，黄印为第三批，黄印是最接近 20 世纪 70 年代的茶品。

七子饼茶时代

从印级茶之后到 20 世纪 80 年代中期，是一段非常重要又有意思的历史，因为这段时期里，普洱茶的生产和销售还属于计划经济时期的统购统销时代。普洱茶的生产还仅限于昆明茶厂、勐海茶厂、下关茶厂等国营大厂，而普洱茶的销售只能通过中国土产畜产进出口公司云南省茶叶进出口公司完成。那个时期诞生了今天的普洱中期茶市场中众多的经典产品，比如让许多收藏客梦寐以求的 88 青、雪印、8582、8653、92 方砖、7542、7532……

1986 年至 2005 年以前，云南茶叶流通体制进行改革，允许各茶企可以自主生产和销售茶叶，云南茶叶产品开始进入百花齐放的年代。产品从外形内质、加工工艺等各方面都带有各自特点，普洱茶生产进入了多厂多品牌生产销售的自营时代，不再由中土畜云南省公司统一销售。此时茶饼包装不再印上"中国茶叶公司"字样，而是被统称为"云南七子饼"茶。1980 年后普洱熟茶崛起，诞生了很多优秀的熟茶产品，如 7572、7581、7262 等。从此之后，生、熟两道，并驾齐驱。

刚说到 7542、7572 等代号，很多茶友也问过我，这些号码都代表什么呢？

计划经济时期，各个大厂只有产品生产权，没有销售权，销售必须统一通过中国土畜产进出口总公司云南省分公司来进行。中土畜为了溯源生产厂家，给云南三大国营生产企业制定了一个标记方法，以示区分。

　　我们平时看到的这四个数字，就被称为普洱茶的"唛号"，唛号上的数字代表了普洱茶生产质量标准、生产工艺以及各大厂家的代码。特别要强调的是，唛号和茶品的价格没有直接关系。

　　唛号一般由四个数字组成，第一、二个数字表示茶品配方出现的年代，第三个数字表示茶品原料的等级，第四个数字代表生产厂家代码。

三大茶厂代码：1 为昆明茶厂，2 为勐海茶厂，3 为下关茶厂。

例如 7542，是勐海茶厂生茶的代表产品，75 代表它的配方于 1975 年研发，4 代表 4 级茶青，2 代表勐海茶厂。

7572，是勐海茶厂熟茶的代表产品，75 代表配方研发于 1975 年，7 代表 7 级茶青，2 代表勐海茶厂。

8653，86 代表配方是在 1986 年研发的，5 代表 5 级茶青，3 代表下关茶厂。

要特别说明的是，1975 年的配方，并不代表只有在 1975 年才生产，所有配方优良的唛号茶，至今仍在生产。

有些茶友可能会觉得，既然茶青有等级，那是不是意味着茶青等级越高，茶叶就越好？

这还真不一定。

茶青等级通常是看芽叶比，譬如一芽二叶还是一芽三叶。茶青的等级以芽头为特级，叶梗越多，等级越低。但我们做普洱茶不是只需要芽头。普洱茶讲究的是茶的全株性和持嫩度，嫩的杆、嫩的叶，只要是嫩度高的都可以用。

在一片茶饼里，全株性最好能体现出一株茶树的芽、叶、梗，甚至要有一点黄片，它们需要按一定比例出现。并非全都是一芽一叶或者只有芽头的茶就特别好，那样的普洱茶，往往不耐储、不耐泡，滋味平淡，滋味没那么丰富和醇厚。

传说中的班禅沱是什么样的？

班禅沱茶又称"班禅紧茶"，是以普洱茶制成的一种紧压茶，因专为班禅大师制作而得名，形状甚为奇特，又如同蘑菇一样，其形似牛心脏，亦称牛心沱茶、蘑菇茶，因牛心沱茶根部有一短小的茶柄，正好卡在敬香者的手指缝中，是藏区佛事活动中必不可少的供品。其原料选择十分精细，属普洱茶中极品。历史上心形紧压茶是专为藏区制作的普洱茶，每个净重约250克左右。据说，制作于此形状，是有其意义的：一是为方便长途货运。在茶上做出了手柄，使其留有缝隙，有利于茶叶间的呼吸和透气，不会发霉。二为表达虔诚敬意。藏胞们视紧茶为敬奉珍品。在敬献哈达时，又因紧茶带把儿，便于一手握住两个可同时敬献四个紧茶。在西藏的佛事活动中，藏民到寺院朝圣供奉，牛心茶是必不可少的供品，特别是牛心茶根部有一短小的茶柄，正好卡在进香者的手指缝中，佛事供奉和敬献哈达时非常方便，为此深受欢迎。据说，在西藏和平解放前，牛心茶在西藏社会曾经当做"货币"流通。从 20 世纪 30 年代起，下关的"宝焰"牌牛心茶大部分销往西藏。

20 世纪 50 年代到 80 年代期间，牛心形紧茶形状特殊加工工艺复杂，增加劳动者工作强度。又因它注册的宝焰商标带有"封建宗教色彩"而被迫于 1967 年停产，断代近 20 年揉制牛心形紧茶的技艺也几近失传。

1986 年 10 月初，下关茶厂接到通知，有重要领导将到厂里视察工作，由于这事属于特级机密，只有厂领导知道来的其实就是十世班禅大师。厂领

导将退休回乡下养老的揉茶老师傅请回厂里，精心挑选了当年优质茶青，由老师傅揉制近50公斤近200枚"宝焰"牌牛心形紧茶，从中精选出50枚装盒作为礼品。十世班禅对这份礼品十分喜爱，当场叫大管家与下关茶厂协商订购了300担（15吨）牛心沱茶，由青海省政协转运西藏。此茶的制作极为精密严格，外形紧结端正，厚薄均匀，色泽乌润，带银毫，从此后被作为普洱茶的珍品列入名茶谱，市场流通极少。

十世班禅用藏文题写了"云南省下关茶厂"厂

名，对下关茶厂为边疆社会发展、民族团结所做出的贡献给予了高度评价，并代表藏区群众，对下关茶厂数十年所做的工作表示感谢。因为十世班禅的这次亲临，1986 年年底，下关茶厂被要求紧急恢复宝焰牌牛心沱茶的生产，以供西藏佛寺使用。该茶被重新命名为"班禅紧茶"或是"班禅礼茶"，以后每年都发货运往西藏销售。十世班禅让牛心沱茶焕发出了新的生命力。

2006 年 5 月 27 日，十一世班禅亲笔题写"世代茶缘，藏汉合欢"。下关茶厂作为两世班禅都亲临过的唯一一家企业，成就了一段藏汉茶缘的佳话。

二十一

"88青"的故事

　　提到著名的茶品 "88青"，网络上很多解释都是："88青饼是勐海茶厂于1988年至1992年生产的7542青饼的统称"。但7542有很多，为什么这批7542又叫"88青"呢?

　　1988年，云南省茶叶进出口公司有一批库存的1987年生产的7542想销售出去，因压制较紧，陈化慢，在云南本地以及广州和台湾地区均无人问津。香港商人陈强找到了茶商陈国义向他推销。陈先生品尝了样品后大为惊艳，当即拍板决定整批买下，独家销售。

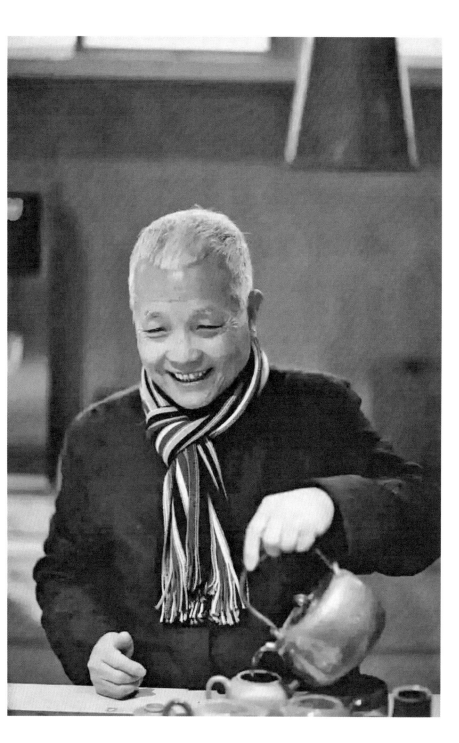

当年陈国义先生究竟买了多少货呢？根据他自己提供的购买合同，数量是"350 枝 / 4200 筒 / 10500kg"，也就是这批货共计 29400 饼，总金额港币 315000 元，单价约是 10.71 元 / 饼。毕竟在当时，西湖龙井茶的价格已经是 400 元 / 斤，一饼普洱茶 375 克，算下来每斤也才十多元钱。

陈国义先生购买了这批货之后，考虑做生意要取好的意头，根据香港人的发音，"88"就是"发发"，相对于当时在香港众人所知的"熟茶"，这是"青茶"生茶，所以就称之为"88 青"。这与 1988 年完全没有任何关系，所以说"88 青"是 1988 年生产的，或者是 1992—1993 年生产的说法，那都是牵强附会的说法了。也有人说 1988—1993 年的勐海茶厂 7542 都统称为"88 青"，无非就是看到"88 青"的价格高涨，手中有货的商人"蹭热度"而已。

"88 青"到底是哪一年的呢？可以明确的是 1992 年之后的"88 青"肯定不是真正的"88 青"，这批茶应该生产于 1987—1991 年。

陈国义先生买来这批普洱茶之后，推出大批量干仓存茶的理念，隆重推出"88青"，但并没有立即因"88青"的吉利名字而财源滚滚。堆满库房的存货三年无人问津，导致陈先生负债累累。为了偿还300多万的欠债，他把"88青"以200元/饼的价格批发了出去，其中很多进入了茶商白水清先生的收藏。白先生凭借丰富的经验，判断出这批茶的潜力可期，于是从陈先生及其他人手里陆续将这批茶从台湾等地全部收回自己手中，几乎垄断销售。当然，配以必要的产品营销手段，也起了很大的推广作用。

2005年，内地茶商找到陈国义先生，以500元/饼的价格批量求购存货，他恍如梦中。不到半年，"88青"在内地的价格就从500元/饼一路上涨到2000元/饼，此后更是展开了暴涨模式。现在"88青"存量最多的是白水清先生，他的卖价是22万元一饼！

这批称为"88青"的7542生茶饼，的确是中期茶的优秀代表茶品，也是体现普洱茶越陈越香理

论的最好佐证。每饼 357 克 (包装纸为手工盖印八
中绿茶字商标的中茶公司手工绵纸)，7 饼一筒 (每
筒用竹壳包装)，12 筒为一支 (竹箩筐辅以竹壳包
装成支)。根据行家鉴定，它以肥壮茶青为里，幼
嫩芽叶撒面，拼配合理得当，仓储干净，经过三十
多年的陈化转变，茶饼乌润油亮，汤色红浓透澈，
香气纯正持久，有独特果香，滋味浓厚回甘连绵，
叶底匀齐，口感饱满厚滑，经久耐泡。

    "88 青"出名了，仿冒产品疯狂涌出。陈国
义先生手上的存量已经很少，干脆就每销售出去一
片"88 青"时就签上一个自己的大名，以示区别。
所以很多"88 青"上有陈先生的签名标志。

「88青」的数量是有限的，每喝掉一片"88青"，存世的数量就要减一。严重的供需失衡导致剩下的"88青"越来越贵。一些数据可以说明问题：

1993年，港币900元一件88青，84片；

2000年，350元一片；

2003年250～380元一片；

2004年1000元一片；

2005年1800～2500元一片；

2007年12000元一片；

2011年深圳茶博会，38000元一片；

2013年50000元一片，500万元一件。

这就有价无市了。

在广州芳村，一万多家店面，有7千多家涉及普洱茶，而店面稍具规模和档次的都声称自己有"88青"出售，库存起码一筒以上，号称有一件以上的也不在少数。按这数量算，光芳村供给"88青"就有几千件，再算上其他几个地方，以及电商销售的"88青"，整个行业的"88青"供给量远超万件！

台湾对普洱茶复兴的重要作用

清末民国以来，香港、澳门地区一直是云南普洱茶外销南洋一带的商业集散地。那时候，云南人只负责生产，主销区都在东南亚沿海区域；因为普洱茶的保健功效，整个珠三角地区的人把普洱茶叫做"伯父茶"。

据《云南茶叶进出口公司志》载，至1990年止，香港经营传统普洱茶批发、零售业务的商家众多，连供应普洱茶的茶楼酒家都有800家之多，普洱茶在港年销售约4千吨。

而普洱茶在台湾的发展也为整个行业的复苏起到了至关重要的作用，分析其原因要追溯到我们国家刚解放的时候，普洱茶作为可以换取外汇的"特种茶"，一大部分出口到香港换取外汇。随着香港回归的临近，很多普洱藏家抛售财产办理移民，使得珍藏的普洱老茶得以上市流通，其中大部分被台湾的买家买走。

普洱茶可以在台湾地区迅速发展，与台湾的社会、人文环境息息相关。普洱茶的保健功能、文化含义，以及越陈越香的收藏属性，受到台湾文化界、医学界、宗教界的极力热捧。

邓时海先生是台湾著名茶人，也是普洱茶界名人。他编著的《普洱茶》一书，2004年由云南科技出版社在国内出版发行，此书奠定了普洱茶老茶的价值认知标杆地位。普洱茶的仓储概念主要是在消费区形成的，是台湾茶商在长期对普洱茶的经营、消费实践过程中，总结出了一套完整的普洱茶后发酵仓储理论，这是对普洱茶价值认知的飞跃，这个功劳，不可磨灭，也不可忘记。正是有了这么多老

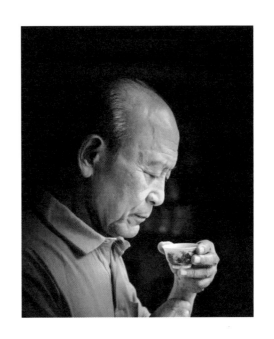

茶的现实存在，也才有普洱茶越陈越香理论存在的
实物佐证。当然，邓先生可能写书时因时间、地域
及信息的阻隔，有些茶品的内容及史实不尽详实，
但"喝熟茶，藏生茶，品老茶"的观点，极大地影
响了内地的所有爱茶人及茶企。

　　说到邓先生，我想起一件对普洱茶影响深远的
事情来：2004年3月，云南省政府召集由省农业厅、
省茶业协会、省农科院、省农业大学、省质监局、

省商务厅以及思茅市、版纳州、临沧市等相关部门及主产州市共同召开会议，商议拟由省政府主办"普洱茶国际研讨会"，由全球普洱茶专家来共同探讨普洱茶发展之策以及普洱茶的分类问题。这个提议很快就得到与会代表的一致赞同，于是，很快就成立了名为："云南省首届普洱茶国际研讨会"工作领导小组。我作为具体工作人员进入筹备组。当时具体落实工作由茶业协会负责，工作内容涉及：邀请海内外知名普洱茶大家、专家；收集主题文稿，出版论文集；制定会议主题词，订制会议纪念茶。总之，这是一个开创性的盛会，内容丰富，工作量很大。方方面面需要协调的工作太多，我们首先拟定了一个邀请专家名单，其中包括了几乎所有现在大家耳熟能详的国内外普洱茶专家。台湾著名茶人邓时海先生受邀出席大会。

这是一场以省政府之名为普洱茶扬名海内外做的首秀，是普洱茶沉寂多年的云南茶界首次在省级政府主持下用自己的声音规模化地谈论普洱茶，从此以后，普洱茶再次进入人们的视野，成为云南万千茶农脱贫致富的"摇钱树"。

会议筹备中，在所有的邀请函及会议宣传册，纪念茶上，都需要有一句主题词，这个问题一直困扰着具体负责人王星银老师。直到定稿当天午餐前，我写了两句话交给王老师：悠悠茶马古道，浓浓普洱茶情。王老师下午告诉我，大会主题词就用这两句话了，心里特别高兴。

首届普洱茶研讨会，邀请专家名单出来了，共 120 人。加上其他会议代表，总共 300 人。谁也没有想到的是，会议报到当天，原计划的会议代表 300 人，实际来了 500 多人，而且超额人员都来自世界各地，他们都是普洱茶的"铁粉"，很多人来自广东。由于超额人员太多，导致吃住都无法安排。还在主会议室之外的另一个会议室放扩音器，这样，300 人的会议，最后扩成 500 人。

这次研讨会之后，省政府将其更名为"云南普洱茶国际交易会"，每年在昆明举办一次，而这次自发的普洱茶盛况，极大地推动了普洱茶在世界范围内的影响力。

由会议发言稿集结而成的《云南省首届普洱茶国际研讨会论文集》，是此次研讨会的一个重要成果。《普洱茶名由来的民族学探析》《普洱茶的历史、现状与发展趋势》《从普洱茶的形成历史认识普洱茶》《普洱茶保健功效的探讨》等很多论文发表。可以说，这次会议从文化、历史、健康、科学等各方面全方位研究、探讨普洱茶，对普洱茶的文化新构建起到了奠基作用。

关于买普洱茶的

那些小知识

普洱茶都贵在
什么地方

由于普洱茶具有越陈越香的独特性，在正确的仓储条件下适宜长期存储，所以普洱茶产品中就产生了其他茶类没有的时间概念——新茶、中期茶、老茶。理论上，在原料、生产工艺、仓储条件相同的情况下，越老的茶，越贵。

新茶是生产及陈期在 10 年以内的茶。

中期茶就是生产及陈期在 10 ~ 30 年之间的茶。也有业内认为，中期茶的标准是在正确的干仓

存储条件下茶多酚含量下降到 28% ～ 20%，茶品正处于一个不断转化的过程中的普洱茶。但是正确的干仓存储是实际操作中很难达到标准的条件，茶多酚含量对普通消费者来说也很难衡量，变数较多。所以用年代来衡量也是一种办法。

老茶就是生产及陈期在 30 年以上的茶品。目前的号级茶、印级茶和 80 年代的很多七子饼茶都属于老茶。老茶存世较少，自然价格最为昂贵。

（2004 年摄于老达保）

当然，在这里还是要不厌其烦地强调，无论是新茶、中期茶还是老茶，都要尽量按照正确的存储方法保存。

我们都知道，高品质的普洱茶，必须具备三个要素：好原料、正确工艺和正确仓储。选用的原料和加工工艺的不同，直接影响到普洱茶后期转化空间的大小。而存放普洱茶只有在温湿度适宜、清洁、避光、无异味的环境中，内含物质才能不受外界恶劣条件的影响持续转化。一些采用了错误加工工艺制作的茶品，本身已经不具备后期转化条件，而不符合标准的仓储环境，也会导致普洱茶内含物质逸散过多，或是吸附了异杂味和灰尘，这样的茶存放的时间越久，品质反而会下降越厉害。

此外，普洱茶的采茶季一年分为三季，分别是：春、夏、秋。春茶最贵，秋茶次之，夏茶再次之。春茶季从3月中旬至5月20日；夏茶季从5月底至8月底；秋茶季是9月初至10月初。

春茶经过一个冬天的休养生息，内部储藏了许

（2012 年摄于景迈山芒景大寨）

多营养成分，迸发出勃勃生机，内含物质丰富，色泽油润，芽叶多毫，香高味浓甘滑，具有非常高的收藏价值。

夏茶是一年中最热的季节，也是云南降雨量最大的时节，雨水丰富，所以夏茶也称为雨水茶。由于夏天光照强烈、雨水充足、茶树生长迅速，芽叶体型肥壮、显毫，叶片厚实，有"茶到立夏一夜粗"之说，滋味较淡，苦涩度高。

秋茶也叫谷花茶，这里的"谷花"指的就是谷子开的花，意味着丰收的季节即将到来，特指秋茶。

秋茶的叶片较春茶略薄，有韵味。春茶和秋茶的茶叶中甜味物质含量高，其滋味比夏茶稍厚、少苦涩，最大特点是香气高扬，优于夏茶。

一般来说春茶收购季都是以"开秤"时间为标志的。

"开秤"的说法要追溯到早年计划经济时期。那时茶属于统购统销商品，所以都以生产规模最大的勐海茶厂的收购点开始收购的时间为标志，即勐海茶厂开秤的时间，为这一年春茶收购季的开始。

现在市场经济，其实已经不存在这个问题了，但有些茶山仍保留了一定的仪式感，不同片区不同村寨，也会搞自己的开秤仪式。根据气候条件的不同，各村寨各山头并不在统一的时间开秤。

即使在计划经济时期，各大国营茶厂，如勐海茶厂、下关茶厂、昆明茶厂，在各地的开秤时间也是不一致的，都得根据他们企业收购区域的采收时间来确定。

二十四

上茶山
的衣食住行

　　每年临近春茶季，总有很多茶友跟我说，马老师，我们想跟着您一起上茶山，我们要亲自体验做茶的过程，也能买到好茶。每当感觉对方是想把茶山行当做一次放松春游的，我总是微笑婉拒，因为真实的茶山可不像五星级风景区那样，飞机高速直达，酒店商圈齐备。上茶山，还是要有点"吃苦"的思想准备的。

　　即便山路难行，生活设施没那么完善，每年春茶季，云南的茶山仍然人山人海，挤满了各种茶客。有一种新客人，被当地人戏称为"公斤客"，顾名

（2017 年摄于倚邦茶山）

（2015年摄于易武）

思义就是只买"一公斤茶"的客人。这些客人通常以茶山旅游体验为主，来茶山就是感受茶山文化，了解制茶工艺，顺便也选购一点茶，仅作为纪念和日常的品饮。简言之，算是"茶小白"。因为"公斤客"们只买少量的茶，本着来都来了的心思，也不太在乎价格的高昂，往往在不知不觉中成为每年把新茶价格抬高的"罪魁祸首"。

对于没那么熟悉茶山的朋友，应多了解一些采茶季的攻略，倒也是必要的。这里给大家一个衣食住行实用指南。

行：一般外地茶客会先到昆明，然后租车进山。现在也可以选乘高铁到临沧，或直飞景洪、临沧，再开车进山。最后进山的交通工具一定是汽车。我推荐大家选择四轮驱动的越野车或皮卡车。虽然像老班章这种知名山寨公路已经修通到村里，但是再往茶山里走还是会有很多土路、塘石路，越野车才能应对各种复杂的路况。

有一年我带学生进山，学生在进茶山前跟我炫

（2018年摄于倚邦茶山）

耀说他专门找好了三台高级车陪我进山，不想让我辛苦，我一看都是奔驰、宝马 suv，心想这就是没有进过山的小白啊！好意不能不领情，结果就是在去曼松的路上歇菜了，卡在泥路上，只能眼巴巴看着旁边开着破皮卡的茶农小伙带着嘲讽的嬉笑顺利通过。所以，进茶山，需要真正的越野车，皮卡也是很好的选择。

穿：茶区三四月已经比较热了，白天最高温度可达 33℃ ~ 34℃，昼夜温差大，短袖和长袖的衣服都要备。另外，茶山里蚊虫较多，甚至会有旱蚂蟥，所以短裤短裙最好不要穿。有一年，一个爱美的学生为了拍出茶仙女的感觉，穿了一身白裙子上山，结果遇上旱蚂蟥，小腿肚被咬得鲜血直流，吓人呢。

用：眼镜、帽子、高指数的防晒霜和喷雾必不可少。预防蚊虫叮咬、中暑、消化道着凉的药品也要备一些。有些外地的茶客饮食习惯不一样，要提防腹泻。如果茶友自身有基础病，日常用药一定要带够，茶山不具备临时采购药品的条件。不过，现在的户外用品商店里的东西，实在是让我惊叹，只有我想不到，没有人家做不到的。时代进步带来的好处，我也可以享受到了。

吃：茶山的茶农家里是真正的农家乐，吃得非常原生态。菜是地里现拔的，鸡是漫山遍野跑的"溜达鸡"。白天还捉不住鸡，因为跑太快，要等晚上鸡歇到树上的时候，拿着手电筒去抓。一般的农户家里，都能做当地风味的饭菜，口味以酸辣为主，还有一些生吃的菜品。如果对辣比较敏感的茶友，要有心理准备。

不过今年进山时间较长，最后几天，同去的小马哥一到茶农家就跟人家说，午饭我们能不吃鸡吗？乐得我们大家哈哈笑，这是吃伤了的节奏，半个月下来，顿顿吃鸡，看来山里的确是鸡多啊。

住：茶山没有星级宾馆，只有一些客栈和民宿，一般都挺干净的。住宿一定要提前预定。春茶季人流如织，如果到了茶山现找住处，那多半只能睡在车上啦。傣族寨子就是竹或者木结构搭建的楼上楼下，中间一层楼板，隔音效果较差。茶山的环境可

以充分体验人与自然和谐相处，这里不仅有鸡鸭猪狗这些家畜，甚至还有孔雀，各种叫声从早到晚此起彼伏。

2013年春茶季，我带学生上茶山，那时只能住到寨子里茶农家的竹楼，记得那时白天都在山里看茶地，徒弟张孜说今天太累了，明天想要多睡一会儿再起床，我心中暗笑。第二天天刚蒙蒙亮，第一声鸡鸣过后，此起彼伏的鸡叫和鸟鸣就不绝于耳，吵得根本无法入睡。只听到隔壁一板之隔的小张骂道：这死鸡，笨鸡，太讨厌了！嘿嘿！茶山，懒觉是睡不成的。

一二 初步了解普洱茶的制作流程和工艺

在茶山购买普洱茶叶的时候，人们说的都是茶青。茶青是指干毛茶，就是晒青毛茶。从茶树上采摘下来的鲜叶，必须经过一系列的工序，才能成为干毛茶。干燥后的茶青含水量9%～10%左右，是最终制作成普洱茶的原料。现在采购普洱茶原料的价格，也是按照干毛茶的重量来计算的。在云南，是以公斤来计算干毛茶价格的。

很多朋友在茶山上会看到"初制所"。顾名思义，"初制所"就是对鲜叶进行初加工的地方。每天上午，茶叶上的露水晒干后，茶农采摘鲜叶，在初制所内制成普洱茶的原料茶——干毛茶。

普洱茶的国标（GB22111-2008）中对普洱茶毛茶加工工艺流程的定义是：鲜叶采摘—摊晾—杀青—揉捻—晒青五个工艺环节，在加工晒青毛茶过程中，根据现代普洱茶生产的要求，严格控制生产卫生，各个生产环节都必须做到离地生产。

那我们怎么判断初制所内制成的晒青毛茶是否合格？有两个最重要的指标。

含水率：鲜叶摊晾后，含水率降到70%。干毛茶含水率约6%。

活性：晒青毛茶必须要通过正确的工艺才能保存茶叶活性，使普洱茶越陈越香的工艺特征得以延续。从茶品的香气、滋味和茶底，都可以判断茶的活性是否保持。

　　而到了摊晾环节，经常会发生工艺的偏差。为了防止鲜叶产生化学变化，必须薄摊，鲜叶摊晾厚度不能超过 5 厘米。如果产生了化学变化，鲜叶会经历萎凋的过程，萎凋会使鲜叶前发酵，陈化所需的内含物质后劲不足。

　　萎凋是制作白茶、青茶和红茶的第一道工序，不属于普洱茶毛茶制作工序。萎凋过的鲜叶在干毛茶阶段就会又香又甜，所以也有部分茶农采用萎凋

（2018年摄于倚邦茶山）

的工艺替代摊晾，以强化新茶口感，但破坏了普洱茶的长期价值。

我曾经那位存了十年"好茶"，一打开发现无滋味的朋友，就吃过这样的亏。所以如果有朋友买到"又香又甜"的新茶，就要好好分辨一下"香甜"来自哪里，如果是茶叶本身具有的品种香，或是茶叶因生长片区的特性带有的地域香，那恭喜你，买到了宝藏茶。如果是通过前发酵工艺人工做出来的"工艺香"，比如采用"闷黄""萎凋"工艺制成的普洱茶，那就赶紧喝了吧，别保存了，也不值得保存了。

杀青是通过高温钝化鲜叶中的氧化酶活性，抑制鲜叶中多酚物质的酶促氧化，同时蒸发鲜叶中的部分水分，散发鲜叶中的青臭味，使鲜叶变软，便于揉捻成型，促进良好香气形成的一种制茶工序。

杀青分为手工杀青和机器杀青。春、夏、秋三季的茶，鲜叶含水量不同，需要制茶人具备丰富的经验，根据茶叶情况、天气情况、当天的温度情况来看茶制茶。制茶大师的水准，最终成品的个性化差异，往往体现在这样的环节。

（2019 年摄于倚邦茶山）

169

二十六

买茶时常见的
那些坑

很多朋友经常在买茶时会向我咨询各种问题，有些其实是很常见的"坑"。我整理出问得比较多的几个问题，以供大家买茶时参考。

明前春古树普洱茶，值得高价买吗？

明前茶是指清明以前，也就是每年4月5日之前的茶。但对于云南大叶种茶来说，由于地理位置、光照条件不同，不同茶区茶树发芽有早晚先后。4月之前，大面积种植的台地茶大部分可以采摘了。

而古树茶，除了易武茶区发芽较早，其他茶区的古
树茶可以采摘的并不多。所以，如果没有足够的经
验，此时很可能高价买到的明前茶并不一定是古树
茶。

另一方面，追捧明前茶，实际上是绿茶追求的
原料标准，而普洱茶追求的是持嫩度和全株性。

所以，普洱茶没有必要一味追求明前茶。

所谓老树的"黄金叶"是不是值得收藏?

可以很明确地告诉大家,"黄金叶"并不值得收藏。

普洱茶的"黄金叶"就是我们常说的"老黄片",即茶树上比较粗老的叶片。因为大多数老叶级别较粗老,含水率低,杀青时容易焦黄,无法揉捻成型,故而得名"老黄片"。按照生产标准,是要被剔捡出来的。

老黄片里茶多酚类等营养物质不多,纤维素总糖含量高,所以口感较甜。但也由于原料粗老,粗老味明显,滋味偏淡,耐泡度比较低,无品饮价值。

老茶头是值得收藏的老茶吗?

不值得收藏。

老茶头是因为工艺因素的缺陷,致使水溶出物、多酚类、灰分等理化指标不达标,微生物含量增多,

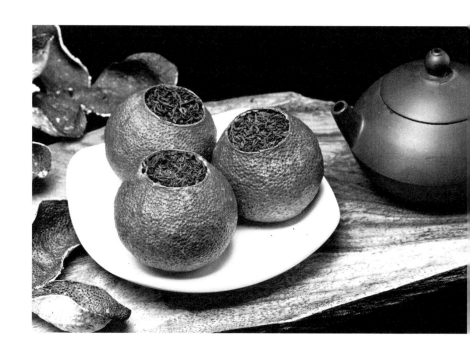

不建议直接冲泡品饮的残次品。大多数是作为工业级饮料提取物原料出厂，与品饮价值并不沾边，只是一个消费潮流。还有现在市场上常出现的碎银子，跟老茶头都是一类物质。

柑普是特别好的普洱茶吗？应该怎么选购？

柑普是普洱茶里的一种再加工茶，品质的高低取决于所用普洱熟茶的品质及柑的品质。

柑普茶，传统也称"二陈茶"，意为成熟的柑加陈年普洱。所以最好的柑普需采用广东新会区域的大红柑，装入普洱熟茶里的级别较高散茶，经过七天生晒后，低温烘干制成。

我买到的普洱茶里有红梗，是不是被骗了？

不一定。

普洱茶里出现红梗，主要和茶叶的品种及工艺有关。

品种呢，就是有一种特殊类型的紫芽茶，属于变异品种，芽叶梗是紫色的，属于茶树特殊的类型。这种由茶叶品种因素引起的红梗、红叶是茶本身的特征，对茶的品质完全没有影响。

另一个导致出现红梗的原因是制茶工艺，例如萎凋及杀青过程中出现红变叶梗，会有"发酵"的甜香味。这种叶色变红或显褐色，就是劣变。

所以买到了带有红梗的普洱茶，首先要判断产生红梗的原因。

市面上的"千年古树茶"有真的吗？

我们前面讲三棵千年古树普洱茶的故事的时候提到过，目前普洱茶里公认的千年古树茶，只有三棵。这三棵千年古茶树属于在册的受国家法律保护古树，所以不能说市面上一定没有，但基本没有品饮量。

纯"野生古树茶"才是真正的古树茶吗？

纯"野生古树茶"是不能饮用的。市面上对产品如此包装，是含有商业目的的不严谨说法。

整个云南省古树茶面积约有 27 万亩左右，其中栽培型古茶树有 20 万亩左右，也就是古树普洱茶的主要原料；其余 7 万亩左右为野生型古茶树。

野生古茶树是指在一定地区经长期大自然优胜劣汰所保留下来的茶树类型，保留的主要是对生物体本身有益的变异，从植物学的角度有着很高的历史价值和科研价值。但由于它们未经人工栽培、驯化，保留其原始状态的同时，原生态的生长环境容易受周围环境影响而发生变异，产生一些对人体不利的物质，甚至含有微毒，不能饮用，更不可以作为普洱茶的原料。当年我们进千家寨考察古茶树资源时，我就尝试过嚼了一片野生茶树的芽叶，结果造成腹泻。

"文革砖"熟茶具有收藏价值么？

"文革砖"熟茶本质上是个伪概念,因为普洱茶的熟茶发酵工艺于 1973 年才开始出现,1975 年进行试制,真正的产品面市已经是 1980 年。1966 年至 1976 年这一时期根本没有普洱熟茶产品面世,又何来的"文革砖"呢?更谈不上收藏价值了。

1992 年的纯料古树茶值得收藏么?

前几天,一个学生拿来一个白绵纸包的茶饼,说是 1992 年的易武古树茶,我只能笑笑了。其实 2005 年以前普洱茶根本没有古树茶和台地茶之分,更没有纯料古树茶之说。

计划经济时期主要由勐海、下关、昆明茶厂等几大国营茶厂统一收茶,标准按照各厂里的厂标来执行,而厂标则是根据茶青的外形(条索、色泽、整碎、净度)和内质(香气、滋味、汤色、叶底)来划分 1 级到 10 级。当时的标准并没有明确规定区分古树茶还是台地茶,那时的茶农都是把古树茶和台地茶的鲜叶混采在一起,统一制成晒青毛茶提供给各大茶厂。

"古树茶"的概念是 2005 年以后台湾茶商进入大陆普洱茶市场后才有的。他们提出，古树茶在自然环境下生长，生态条件比较好，不存在农药化肥等问题，安全系数更高，所以价值会更高，古树茶的收购价格由此大幅度提升。受价差影响市场上也开始区分古树茶和台地茶，所以才出现了古树茶和台地茶的概念。

而且，纯料并不是一个绝对的概念，而是相对于拼配来讲的。真正意义上的纯料，是指同一采摘时间同一区域同一树种同一工艺制成的茶品。但工业、半工业化的制茶，很难实现这种意义上的纯料。而拼配茶并不意味着品质的低劣，相反，拼配是一个传统的制茶概念，目的是为了扬长避短，使产品滋味更加丰富有层次感。例如勐海茶厂最著名的唛号 7542 就是 4 级和 6 级茶拼配的。我们绝不能用"纯料"和"拼配"来定义茶品的收藏价值。

所以，2005 年以前出品的商品茶，并没有纯料古树一说。当然，也有极少数茶商和普洱茶发烧友自己定制收藏的古树茶品，但是存量极为稀少，可圈可点，都是珍品。最为出名的纯料古树茶当属台湾茶联合会会长吕礼臻先生带有实验性定制的1996年真淳雅，易武乡张毅老乡长做的1998年顺时兴，茶商叶炳怀先生1999年到勐海茶厂定制的绿大树以及昌泰茶厂老陈厂长做的1999年易昌号。现在这些茶，也基本上属于可望而不可及的存在了。

老茶居然没有 QS 标志（食品生产许可证），是不是假茶？

普洱茶的 QS 标识，是 2006 年开始实施的。2006 年 QS 标识出现之前没有硬性规定普洱茶产品必须要打生产日期，也就是说目前市场上的普洱茶产品如果包装上没有 QS 标识和生产日期，不一定是假茶。也可能是 2006 年以前生产的呢。2018 年10 月 1 日起，普洱茶生产企业全面使用"SC"标志。这也是现在判断中期茶品年份的一个标记，当然，具体还是要看茶品本身的品质。

可以泡30泡的普洱茶是极品么？

普洱茶的"耐泡度"是指普洱茶叶在冲泡过程中，水浸出物总量与茶叶内质总量的比值。其中水浸出物指在冲泡过程中，用沸水萃取茶叶中的内含物质（可溶性物质）。茶叶内质指普洱茶中茶多酚、氨基酸、咖啡碱及其他微量元素。

影响普洱茶耐泡度的因素有很多，从茶品自身的角度出发，例如产地的片区、山头、生态环境，树种类型、树龄大小、原料的持嫩度，甚至气候条件、采摘时间都会影响茶品的耐泡度，而后期的制茶工艺、仓储、冲泡细节等都会对茶品耐泡度有所影响。

正常一款普洱茶若五六泡就寡淡无味，可以说耐泡度较低；若可以喝到十二泡左右则耐泡度不错，茶汤虽淡而不散，茶香依旧，不失为一款好茶。

至于是不是真有可以泡30泡的茶，也许有，但肯定不代表就是极品。我也曾经见识过一个茶会上，有位号称大师级的茶师神情凝重地泡了30泡，让大家闭着眼睛仔细领会，在座的茶友也都喝得云山雾绕。我不禁好笑，茶汤在第8泡的时候就走水了，品个茶，至于要这么神叨吗？真正的好茶，不是靠装神弄鬼来忽悠茶友的，茶品的原料、工艺、后期陈化等一些专业审评的标准综合起来才能判断茶的好坏，而不是靠泡数越多越好，"耐泡度"只是衡量的标准之一。

紫芽茶和紫娟茶是同一个茶么？

不是，紫芽是茶叶因肥水条件不均衡而产生的

变异群体种，在群体种台地茶园和古树茶园中都会出现，表现出紫梗、紫叶、紫芽。

紫娟是1985年云南省茶叶科学研究所科技人员经选育、培植而得到的扦插苗新品种，花青素含量较高。

2006年3月，我到勐海云南省茶叶科学研究所，当时的张俊所长邀我们一起品尝他们所1985年自主培育的良种紫鹃普洱茶。记得当天上午阳光正好，气温适宜，张俊所长说这样的天气，可以看到茶汤紫气东来。我一听，特别兴奋，还从来没有见过紫气飘飘的茶汤呢。于是自告奋勇地申请去泡茶，普通的白瓷盖碗，投茶，注水，旖旎的阳光下，一缕缕淡淡的紫气慢慢升腾起来，那种感觉，真的很是奇妙，仿佛仙乐飘飘似的。张所长看我入迷，就很爽快地递给我一饼紫鹃茶，我还请张所长在茶饼上签了名给我。以后的日子，紫鹃茶身价一路上涨，但再也没有泡过能出紫气的紫鹃了。几次搬家，我的那饼紫鹃，也找不见了踪迹，成为至今一大憾事。

普洱茶怎么喝？

二十七

撬饼是喝上
好茶的开端

　　能正确地把茶叶从普洱茶饼上撬下来，是需要练习的一个过程，也是这泡茶能否好喝的重要开端。

　　我教学生泡茶，通常用这样的步骤：将饼背面（带窝那面）朝上平放在起茶盘里，左手按住茶饼，找到饼的边缘有空隙的地方，右手与桌面平行入针，深入 2 ~ 3 厘米，45 度角起针。在第一次入针处重复该动作三至四次，直至有完整的一小片茶撬松。这样的目的，是为了尽量保持茶叶条索完整度，不要将茶饼撬碎。

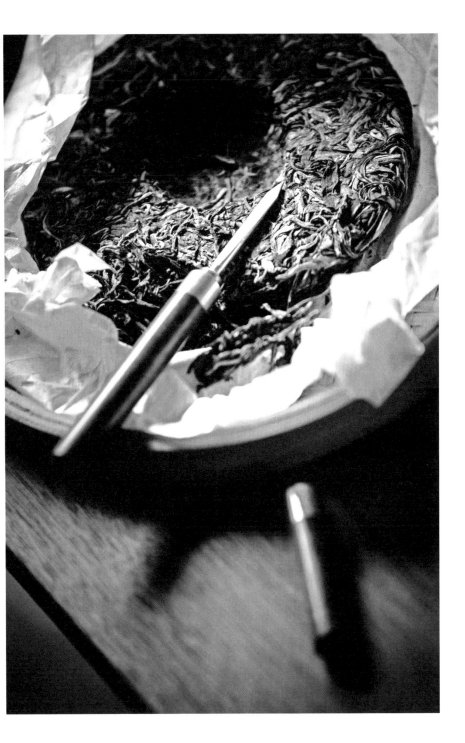

如果我们撬的是老茶，开了一饼后，需要把整饼茶全部撬散，但要用一个相对密封的容器保存拆开的老茶。对于珍贵的老茶来说，如果不一次撬散，则每次撬都会造成一定损耗。此外老茶的陈化周期足够长，一旦打开，也可以容忍不以饼的形式存放。

如果是中期茶和新茶，就可以喝多少撬多少。茶在饼的紧压状态下，微生物菌群相对集中，撬开后剩下的茶饼，还在微生物作用下继续陈化。

撬开的茶，一定要注意用铝箔纸的密封袋保存剩下的部分。

每一次的投茶量也需要特别注意，正确的茶水比才能还原茶品最佳风味。我们每次往茶壶或者盖碗里投多少茶，取决于泡茶容器的容积。通常是按照 1∶16 的投茶量，即 1 克茶加 16 克水的比例，取茶并称重。比如，泡茶容器容量为 100 毫升，就取茶 6 克。当然，投茶量也可以根据自己口味的喜好，在 1∶20 ~ 1∶16 之间适当调整。

一般 3 ～ 5 个朋友喝茶，建议泡茶容器容积 120 毫升，投茶量 7.5 克就比较合适啦。

我在广州有个茶友，他平时抽雪茄，喝酒，酷爱普洱茶，常常发图片给我炫耀他喝各种老茶的情形。有一次我去广州找他品茶，他很高兴，专门拿了好茶亲自泡给我喝，只第一口我就无法下咽，又苦又涩。我问他是什么茶，他说是 99 绿大树。我的天哪！绿大树这么柔顺的茶被他泡成这样，我非常无语。茶叶直接掰一大块塞进紫砂壶里，茶叶已经占满了整个壶，几乎没有了水的位置，难怪这么难喝。我跟他说我自己来泡吧，否则可惜了他一番好意。我用茶夹从壶里取出一半的茶叶放到另一个稍小一些的壶里重新注水开汤，这回，绿大树的神韵才体现出来，汤甜水柔，的确是绿大树啊，好茶！我的老友看着我一脸懵懂地说，我一直这样泡茶喝，越喝越浓，难怪大家都不爱让我泡茶。我笑说因为你抽烟喝酒，味觉已经不灵敏了。

好茶也要正确的冲泡方法才能体现出好来。

189

二十八

冲泡普洱茶的
正确流程

　　茶品的优劣，归根结底还是通过一杯茶汤来体现。因此，要判断一个茶品的品质好坏，首先要学会正确冲泡一杯茶汤。我们泡茶的目的，是为了体现茶品的优劣，品味茶品的本真，并不是为了表现茶艺师的手法花哨。

　　我根据这些年的不断试验，总结出一套普洱茶冲泡十式：备器、备茶、温器、投茶、醒茶、开汤、分茶、奉茶、闻香、品茶。

烧水　　　　　烫杯

拆茶　　　　　称重

　　第一：备器。浅色盖碗、玻璃公道杯、茶荷、茶则、纱滤网茶漏、取茶盘、尖头茶针、竹茶夹、电子秤、带温度计的随手泡；一方茶巾，基础备器完毕。

　　第二：备茶。按 1 ∶ 16 的投茶量比重，1 克茶比 16 毫升水的比例，取茶并称重。

　　第三：温器。用沸水将盖碗（紫砂壶）、公道杯、纱滤网、品茗杯都一一烫过。

醒茶

冲泡

出汤

分茶

　　第四：投茶。将茶荷里备的茶，用茶匙缓缓拨入容器，准备开汤。

　　第五：醒茶。第一泡，注水醒茶。

　　第六：开汤。调匀呼吸注水，将水线低点沿盖碗边沿顺时针一圈注满，出汤时，将盖碗（紫砂壶）里的茶汤倒入公道杯，低点定点出汤，不能高拉水线，不需要顺时针转圈。

第七：分茶。注入公道杯里的茶汤，要按品茶人数，均匀地分到每一个品茗杯里。茶艺师低斟细流，从左到右顺序斟茶。

第八：奉茶。手臂与肩同宽，四指微微向外打开 15 度角，请大家取用茶。

第九：闻香。品饮时不留残汤，饮尽茶汤后，先向左侧轻轻呼出口腔和鼻腔之浊气，然后冲品茗杯吸气，在一呼一吸之间，感受普洱茶的纯正茶香。

第十：品茶。让身体中正平衡，呼吸放松自然。

在这个过程中，有一些地方是特别需要注意的。

水温

我们首先要判断需要冲泡的普洱茶是生茶还是熟茶。如果是生茶，要确定茶品的年份，这样便于确定冲泡用水的温度。当年新生茶需用 95℃ 水温，两年及以上陈期生茶用 100℃ 水温。普洱熟茶不论陈期，都是用 100℃的沸水冲泡。

为了达到水温，我们还要关注烧水的壶。很多茶友喜欢用铁壶煮水，认为这样可以补铁。但铁壶的妙处，重点在于提温而非补铁，铁离子并不溶于水。在海拔较高区域烧水泡茶，通常使用的不锈钢烧水壶或便携水壶往往达不到 100℃的沸点，而铁壶因为壶壁更厚，保温性强，水烧开后仍旧可以保持沸腾的状态一段时间，水温可以提高 2 ~ 3℃，且保温时间也更长。足够高的水温可以充分激发茶的溶出，提升茶的香气。对于普洱老茶而言，由于陈化时间较长，必须采用足够高的水温，才能淋漓尽致地把其内含物质激发溶出，使陈香散发出来，所以铁壶对于冲泡普洱老茶是非常合适的茶器。

冲泡普洱茶的用水还需要注意的是水的 pH 值。pH 值为 6.8 ~ 7.2 的水最适宜泡茶，矿物质水和蒸馏水则不能用，会影响茶质。偏酸的水会让茶汤变薄，偏碱的水会让茶香扬不起来。现在市面上很多高端的水，其实并不太适宜高温煮后泡茶，比如矿物质含量丰富的水，只适合低温单独饮用。

普洱知行录

注水方式

用盖碗冲泡还是壶冲泡，注水的方式会不太相同。

如果用盖碗冲泡，用顺时针旋转注水。无论盖碗大小，在一呼一吸之间控制好水线，顺时针一圈注满容器。水位控制在盖上盖子茶汤不溢出为宜，旋转注水可以让茶香香气上扬。

如果是壶冲泡，则沿壶壁定点注水。

两种冲泡方式的关键，都是不能直接将沸水淋到茶上，尤其是新生茶。

滤网

泡茶必须要用滤网。有茶友担心用滤网会影响茶叶口感，这担心没必要，但是滤网的材质需要选择正确。例如铁质或者不锈钢材质的滤网，不建议冲泡普洱茶使用，因为铁是酸性的，而我们茶是碱性，如果用铁滤网或者不锈钢滤网会影响茶性。而完全不使用滤网，茶汤浑浊也会影响茶的口感。所以我们建议使用纱质滤网。

不要开盖

常有茶友用盖碗泡茶时喜欢开盖，认为盖着盖子会把茶闷坏。这个操作就不敢苟同了。

在普洱茶蒸压成型的这个工艺环节，高温蒸压温度高达350℃，也并没有把茶叶闷坏，就算是沸水冲泡也仅仅是100℃，不会对茶叶造成损失。而开盖冲泡，只会带来两个坏处：第一是芳香物质的丢失，第二是冲泡温度降低，影响茶叶内含物质的溶出。所以，泡茶不要开盖。除非你泡的普洱茶有霉仓味！开盖可以散掉部分仓味。

最适宜入口的茶汤温度，以入口茶汤不烫到口腔为宜。但茶汤温度过低，会影响茶汤品质，及品饮的趣味。

醒茶

第一泡我们通常都要倒掉，或用来涮杯子。很多茶友都说这是在"洗茶"，给茶消毒呢。其实这不是在洗茶，而是"醒茶"。

"醒茶"，顾名思义就是把普洱茶从"沉睡中唤醒"。无论是生普还是熟普都需要经过长期的保存、陈化，茶饼很干。而我们喝茶，喝的是茶的浸出物，浸出必须在湿热条件下才能产生。醒茶就是这个过程。如果不醒茶，第一泡可能喝到的就是几乎无滋味的水了。

普洱茶怎么品？

二十六

普洱茶的香气

　　茶叶的香气是一个特别复杂且抽象的概念。普洱茶的香气物质，或者更准确的说是气味物质，来源大体分为两类，一类来源于自身的天然香气，比如品种香、地域香等；一类来源于外在条件，比如工艺香和仓储香（时间香）等。

　　品种香就是茶叶因不同的树种本身带有的香气，如冰岛；地域香是茶叶因生长地区特性带有的自身香气，如昔归；仓储香或者说时间香就是我们熟知的越陈越香，特指普洱茶经过一段时间存放后，

经微生物作用后茶叶出现的特有香气，如梅子香、樟香等。

工艺香要分两个层面，一个是正确的加工工艺可以最大化凸显原料的香气，是好的工艺。而现在的茶叶制作过程中还存在一种被商业利益驱使的做法，就是使用工艺技术给茶品提香，例如前发酵的萎凋工艺，在普洱茶新茶期间整体表现出比较甜香的特点，但破坏了普洱茶后期陈化所需的内含物质基础，失去了"越陈越香"的后劲，是不该出现在普洱茶里的。

刚说到"越陈越香"，这是指普洱茶在有了好原料、正确加工工艺、正确仓储的基础上，通过时间的沉淀和内在微生物的作用，令茶品的香气由清扬之香变为醇和之香。"越陈"是时间概念，"越香"是品质概念。"越陈越香"是普洱茶陈化的过程，是最后的一道工序，是品质提高或再造的关键。无论生茶还是熟茶，只要品质优秀，都能越陈越香。

普洱茶生茶和熟茶，都有可能出现药香，这是一种接近于中药里沉香的气息。要出现药香，必须满足四个条件，云南大叶种晒青毛茶为原料，正确的加工工艺，正确的仓储，生茶陈期为三十年以上，熟茶陈期为十年以上才会出现药香。

我妹妹以前在广东工作，说不喜欢喝熟普，因为总是有一股霉味，直到她喝了我给她的普洱茶，才知道"霉味"并不是普洱熟茶自带的味道，而是广东气候潮湿，她喝到的熟茶大多仓储不当的结果。

其实很多人认为的老茶自带的"烟香"和"霉仓味"都是因为仓储不当造成的。"霉仓味"多见于高温高湿的仓储条件下存储的茶品。而普洱茶的香气中也根本没有"烟香"的说法，偶尔的烟火味是杀青或毛茶存储不当留下的，不好，但还属于可以接受范围，但这两种味道都跟是否是老茶没有直接关系。

普洱熟茶里，倒是常有"堆味"。"堆味"是普洱熟茶渥堆发酵过程中产生的特有味道，经过50～70天渥堆发酵，刚出堆的普洱熟茶基本都会

有多多少少的堆味，但经过一年以后正确的仓储，堆味基本会逐渐逸散。通常熟茶需要三年陈化时间，其品质才能渐入佳境。在过去国营的勐海茶厂、昆明茶厂、下关茶厂时期，传统的熟茶渥堆出堆后一般都是散茶状态存放 1～3 年后再分级拼配压制成饼，所以那个时候国营茶厂熟茶基本没有堆味。

　　说到这里必须再次明确地辟谣。普洱茶没有黄曲霉菌。普洱茶的整个加工以及后发酵的过程中，缺少将黄曲霉菌转化为黄曲霉毒素的物质条件。

黄曲霉毒素的生成必须依靠黄曲霉菌在含有蛋白类、淀粉类、油脂类为主的基质上进行转化，例如大米、玉米、面粉（含糕点饼干面包等）、食用油、花生、坚果和干果等。但是普洱茶中本来就少得可怜的蛋白质在加工过程中被水解成氨基酸，微量的淀粉又被转化为碳水化合物，脂类物质在厌氧发酵中由于多酶体系的作用又被转化为醇类物质，成为芳香类物质的一种。所以说，普洱茶根本不具备产生黄曲霉素的物质条件。

普洱茶在后期发酵的过程中会产生大量的黑曲霉菌，而黑曲霉菌是黄曲霉菌的天敌，更不会使普洱茶本身产生黄曲霉毒素。

对于普洱茶有黄曲霉毒素的说法其实和后期的仓储不当有关，例如高温高湿下杂乱的仓储，和其他食品类产品混放，进出人员的卫生防护不佳等都可能导致黄曲霉菌的产生，从而对普洱茶造成二次污染。已经受污染的茶品，是不应该饮用的。

三十

普洱茶的体感

　　体感就是指喝茶时身体的感受以及喝完茶后身体产生的一些反应。它需要我们调动全身感官去感受，除了强劲的口腔刺激外，还可以加快人体的微循环和疏通经络。普洱茶是相较于其他茶类体感更加明显的茶品。

　　普洱茶的"体感"来自于茶叶内含物质对人的刺激，这种刺激是多方面的，口感变化、回甘、生津和茶气等都包括在内，具体表现为饮茶后人身体的综合反应比较强烈，比如打嗝、排气、身体发热、

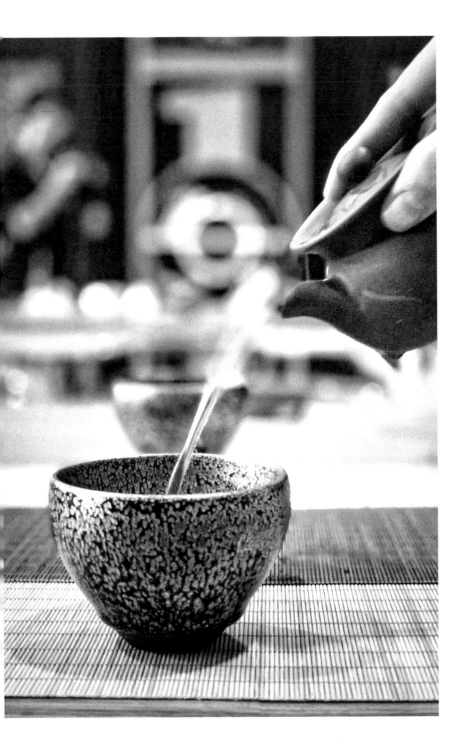

醉茶等等。

回甘，是最直接的喝茶感受。我们要强调的是，"回甘"和"甜"不是一回事。

"甘"是复合的美味，回甘是茶叶的内含物质（氨基酸、茶氨酸、儿茶素、糖类）刺激人体的口腔分泌，进而从喉部返出的甜，这是一种令人愉悦的感受。可根据回甘持续时间的长短，判断一个茶品的品质。而"甜"是单一的滋味，只停留于口腔。

好的普洱熟茶，也是有回甘的。熟茶发酵时，会有一部分内含物质被损耗，但新生成的物质会起到相应的弥补作用，所以发酵并不会影响熟茶后期的生津回甘。无论生熟，生津回甘都是普洱茶的基本特性，也是优质普洱茶的标准之一。

此外，我们也常称赞一款茶"霸气"。普洱茶中的"霸气"是指茶汤入口给予味觉及触觉的综合冲击力。这种冲击力力道强劲，同时因为香气物质的丰富、甜度的均衡和茶多酚的收敛感、茶碱及单宁的苦涩形成了一种和谐的关系，加之入口后体感反应对心理的暗示作用，于是你得到了一种滋味大爆炸的体验，这就是霸气。

霸气并非粗暴的口腔冲击力，更不能简单理解为"浓烈""苦涩"。它来源于普洱茶的品种、立地环境、加工工艺和后期仓储的综合作用。普洱茶内质层次分明、香气丰富、茶汤厚重甜醇，是有"霸气"茶品的独特标志。

当然，霸气的感受，也不能人云亦云，还是要靠品饮经验和认识去分辨。

有时候，遇到不对的茶，甚至会"锁喉"，感到咽喉间过于干燥、紧缩挂刺。导致"锁喉"大致有四个方面的原因。有的茶品掺入了不适宜饮用的野生茶树品种、制茶过程中采用了高温干燥的工艺或刻意烘焙加温、高温高湿的仓储环境，或从高温高湿环境突然转换到较为干燥低温的仓储环境中，短期存储后品饮时都会出现锁喉现象。

喝完普洱茶出现头晕无力，心率紊乱、肠胃不适的情况，就是我们俗称的"醉茶"。除了个人体质因素，对茶叶格外敏感以外，茶叶泡得太浓、空腹喝茶或者是过多饮用了未经后发酵的干毛茶都容易引起"醉茶"；另外没有日常固定饮用普洱茶习惯的人，偶尔大量饮用普洱茶也会出现"醉茶"的情况。

"醉茶"的原因主要是由于茶叶中含有的茶多

酚内含很多大分子物质，会对人的胃肠产生强烈刺激；而多种生物碱则具有兴奋大脑神经、促进心脏机能亢进作用，所以空腹或者过量过浓饮茶都会引起不适。未经人工发酵与自然发酵过程的普洱茶，也就是我们通常所说的干毛茶（原料），不建议空腹饮用，原因也是分子量太大，易导致"醉茶"。

我的美女学生比较多，一到周末，她们就相约我品茶，有一次一个美女学生带上她的小姐妹过来品茶，那个小美女有点微胖，说正在减肥。刚喝了两泡中期生茶，突然头晕手抖，吓得大家手忙脚乱。我一看她就是醉茶的状态了，赶紧让她吃了一块点心和一块巧克力，这才缓过来。我悄悄跟学生说，饿着肚子来喝茶的，要随时准备好巧克力。

普洱茶的茶底

懂茶的人经常要看茶底，茶底里到底藏了什么秘密呢？

茶底指的是冲泡完茶汤后留在盖碗或是壶里的茶渣，是我们选购以及品鉴普洱茶的一个重要评判物证。经过水浸泡后的茶叶，叶面舒展，恢复原有的形状，这款普洱茶从鲜叶、采摘、加工、仓储的具体情况，都可以在茶底中一览无遗。

　　茶底的弹性。生茶茶底需富有弹性和活力，熟茶茶底不能发硬。如果茶底一捏就成泥状，则为劣质茶，多见于湿仓存放的茶品。

　　茶底的色泽。好的茶底叶片颜色均匀、鲜活、油亮，看上去富有生机。而色泽暗淡、颜色不匀的茶底通常可以反映出采摘等级差、粗老，工艺不合格，仓储不当，例如受潮等问题。

　　茶底的舒展度。经过热水多次冲泡，如果叶片舒展度好，还原度高，则说明加工工艺好，且更耐

泡。如果多次冲泡叶片仍不能全部展开则说明加工
工艺存在问题，例如加工温度过高等。

茶底完整度。茶底叶片越完整说明采摘加工越
仔细，不过紧压茶撬茶的过程中也会破坏完整度，
所以这个不是绝对标准。

我经常会进行这样的工作，就是亲戚朋友、同

事、同学会拿他们从各种渠道得来的普洱茶让我鉴定，有鉴定真伪的，鉴定价格的，鉴定出处的，总之是隔三差五总有这样的事情发生。

2018 年夏天，一位做老酒的朋友让我帮鉴定一个花了 2 万元买进的 92 方砖。我一看就告诉他是假货。为什么？看他一脸委屈，我只能跟他细细道来。

92 方砖号称"末代茶王"，是兰香典范，同样出自普洱茶界的"黄埔军校"——勐海茶厂。它的得名，坊间有多种说法，我们只讲对的。"92 方砖"实际在 1987 年就已经开始生产，当时是给日本定制的外销产品，到 1990 年才开始由出口转内销。1987 年，日本客商在广交会上下单了一批普洱茶，要求"采摘嫩度高，味重回甜强"。

接到日方订单后，为了达到相应的口感要求，勐海茶厂大胆尝试了明显高于常规配方的采摘标准，选用原料是南糯山的老树嫩梢（综合等级一级二等），精制成砖，专供出口日本。因此出现了印刷在包装盒背面那些宣传文字：

普洱方茶 茶条肥壮 重实均匀

白毫显露 茶汤清沏 滋味醇厚

清香回甘 经久耐泡 礼茶上品

南糯山料苦涩较弱，香气高、甜味足、刺激性小、回甘可以，比较符合日本消费者的口感，另外一方面由于勐海茶厂在南糯山有自己的初制厂，自有基地，原料易控制和生产，所以当时就选定了南糯山用料。

方砖产量最高的年份不是在 1992 年而是在 1990 年，1990 年刚好赶上亚运会，这一年方砖的生产量最大。1991 年和 1992 年都继续生产方砖，但是由于没有新的生产计划下达，方砖生产停止在 1993 年 1 月。所以 1993 年 1 月份压制的方砖其实也是 1992 年生产的。"92 方砖"的 92 不是表示开始生产的年份，也不是生产量最大的年份，恰恰是"92 方砖"结束生产的年份。

92 方砖还发生过一件有趣的事情，那就是把

包装上的重量 100 克印刷成了 100 公分，因此，这批茶也成了 92 方砖中较为出名的一批。这个错误还和昆明茶厂脱不开关系。昆明茶厂 70 年代末就在生产方砖，不过是 250 克每片，外包装设计与 92 方砖一样，但问题在于当时包装设计重量标注就有问题，昆明茶厂生产的 250 克方茶上面标示的也是 250 公分。包装设计被勐海茶厂沿用以后，仅仅是把包装缩小尺寸，存在错误并未纠正，依然显示 100 公分，昆明茶厂也没有给必要的提示，于是

将错就错一直错了下去，后面的 92 方砖也沿用了
该批包装。这么小的错漏存在这么多年，可以看出
当时茶厂的管理也是够乱的，这种错误居然都能延
续！ 这也导致一部分人以这个来作为评判 92 方砖
真实性的标准，造假也有了可趁之机。

92 方砖最正规的包装上，正面印的是中国土
产畜产进出口公司云南省茶叶分公司的名称，背面
印有勐海茶厂的名称，纸盒外面还用玻璃纸塑封了
膜，但由于年代较久，当年的玻璃纸脆裂较多。做
内销后包装背面开始多个厂名，甚至没有厂名，混

乱无序，所以尽管 92 方砖有多个版本，但以勐海茶厂出口日本的版本以及勐海茶厂生产的 92 方砖为坊间最标准的 92 方砖。由于 1990 年以后出口转内销，但销路不畅，省茶叶公司积压了很多产品，一直到 1996 年云南茶叶进出口公司开拓内销市场，投资在昆明白塔路樱花宾馆的斜对面开了吉幸茶叶专营店才逐步将 92 方砖脱手，因此 92 方砖是正宗的昆明纯干仓。优质的茶青、紧压成砖和干仓自然陈化方式，锁住了普洱茶原始的兰香，越陈越香，更有"兰香典范"之誉。

可惜的是，92 方砖当年作为出口产品，国内市场流通的非常少。听过的人多，喝过的人少。茶友买来的这个茶，第一，封膜是封在纸盒里面的茶砖上，而且玻璃纸不是当年那种透明度高但较薄脆的类型，是近年的塑封膜。第二，茶品颜色较深，干茶嗅不到明显茶香。而真正的 92 方砖，是昆明纯干仓存放，干茶香气都很明显。我问他要不要开汤来试，他犹豫了一下说，既然这样，那就不用试了，我想办法去退掉吧。哎，我又做恶人了，真心不想这样啊。

普洱茶与养生

三十二

普洱茶什么时候喝？

　　有很多地方的朋友喜欢在吃饭的时候泡一壶茶，边吃边喝，这可能和当地的餐饮习惯有关。不过从我们养生的角度，其实并不太建议在吃饭的时候喝茶，尤其是喝浓茶，因为茶多酚会影响胃酸分泌，不利于消化。

　　通常我们喝普洱茶，有两条原则必须遵守：一是空腹不喝，二是饭后半小时再喝。

上午 9：00—11:00

经过了一整个晚上的休息之后，人体消耗了大量的水分，身体往往处于相对静止的状态，血液的浓度变大，喝上一杯熟茶或三年以上的生茶，不但能快速补充身体所需的水分，促进血液循环，清理肠胃，还可以降低血压，稀释血液，有益健康，对便秘也能起到预防和治疗的作用。但是注意，茶汤不宜过浓。饮茶量宜控制在 300 毫升左右。

下午 15:00—17:00

午后，可以喝一泡生茶。这时身体需要充足的水分补充，有利于膀胱排毒，饮茶量宜控制在 500 毫升左右。

晚间 20:00—21:00

人在吃了三餐之后，身体会积聚一些肥腻之物在消化系统内，但大多数人怕失眠，不敢饮茶。倘若晚饭后能够喝一杯普洱老熟茶或老生茶，则有助于分解积聚的脂肪，既助消化，又安神助眠。原则是控制饮茶量，不要超过 200 毫升，且最好饭后半小时再喝茶。

适宜喝普洱的人

普洱茶有很多养生的功效，常为人称道。茶友们最关心的，主要是以下几种。

普洱茶养胃是真的吗?

普洱茶养胃的功效，是源于其后发酵的工艺，关键点在于发酵的品质。

有三个原因：一是普洱茶经发酵后，其大量的衍生物质，基本上属于小分子，有利于人体胃肠道

2005年摄于马帮进京出发站（左为作者，中间为罗乃炘，右为李师程）

的吸附，刺激性小。自然发酵并达到十年以上的普
洱生茶和陈化三年以上的普洱熟茶都具有"暖胃"
的功效，其主要原因都与小分子有关。

二是普洱茶内含的果胶物质远高于其他茶类。
它不仅体现很好的吸附性，又能粘结和消除体内细
菌毒素和其他有害物质，如重金属中的铅、汞和放
射性元素，起到解毒作用；同时又能保护胃黏膜，
帮助消化。对患有胃溃疡或胃炎的人而言，普洱茶
果胶类物质可形成薄膜状态附着在胃的伤口，促进

（2021 年摄于章朗古茶园）

溃疡面愈合，适宜于胃病患者饮用。

三是普洱茶内含的咖啡碱可以中和人体的胃酸，改善消化功能。

过敏体质能喝普洱茶么？

过敏体质的人不仅能喝普洱茶，还应该多喝。

GABA 是茶叶的氨基酸之一，是在谷氨酸脱羧酶作用下脱羧后形成的。它是一种非常重要的抑制性神经递质，主要参与脑的生理活动，具有安神、催眠等作用。

在普洱茶中，尤其是二十年以上的陈年普洱茶和陈化期达到三年以上的熟茶，其 GABA 含量高达 135mg/100g 干茶。

脾胃虚弱的人应该怎么喝普洱茶？

对胃酸过多，甚至患有导流性食管炎，或者患有胃炎或胃溃疡的人而言，建议每日早晨饮用一杯温热的三年陈期以上品质较好的普洱熟茶，如果条件允许，饮用二十年以上自然发酵的普洱老生茶更好。饮用时如果再加一勺蜂蜜，其养胃的功效更明显。而且我身边朋友还有活生生的例子，就是导流性食管炎，久治未愈，结果严格按时按量喝了半年普洱茶真喝好了的。

这里需要强调的是：养胃的关键在于"养"。这个"养"不是立竿见影，而是持续 "坚持"才能显现出来的结果，当然还需要保持良好的生活习惯。

普洱茶能改善"三高"吗？

普洱茶对治疗"三高"有较强辅助作用。

20 世纪 80 年代中后期，法国里昂大学对云南沱茶进行全面的理化分析，在专著中详细阐述了云南沱茶的化学成分，认为云南沱茶对人体中的胆固醇、甘油三酯、血尿酸等有不同程度的抑制作用。

此项研究被列入法国医学大词典中。

普洱茶中的他汀类物质，如洛伐他汀、辛伐他
汀等，都属于降血脂的药用成分。虽然它们的含量
很少，不能替代药品，但也具备一定的"靶向"作
用。值得关注的是，目前国际社会医学报告认为，
已知他汀类药物（主要是指化学合成）会干扰人体
内辅酶Q10，长期服用他汀类药品会出现损伤肝脏
甚至可能致癌的副作用。而普洱茶内含的他汀类药
用成分属于发酵过程的自然产物，不是"西药化学

合成", 所以没有这个副作用。

普洱茶的茶红素具有极强的渗透性, 即通过改善血液中红细胞变形性, 调整红细胞聚集性及血小板的黏附性, 降低血浆黏度, 从而降低全血黏度, 改善微循环。当然, 年份越长的普洱茶茶红素含量越高, 效果越好。

普洱茶的咖啡碱与茶碱的利尿作用, 对缓解高血压及高血脂有潜在的功能。因为利尿的方法是治疗与缓解高血压的主要手段之一。普洱茶中的咖啡碱能分解血液中的钠离子, 降低血容量, 从而间接起到降压作用。

普洱茶可改变 II 型糖尿病人的脂肪代谢, 调节胰岛素受体的敏感性, 从而具有降血糖的作用。

普洱茶到底能不能减肥呢?

这可能是当下很多都市人最关心的问题。普洱茶虽然不能像减肥药那样起到立竿见影的作用, 但

233

长期饮用普洱茶，可以降低肠道对脂肪的吸收，降低血液中血脂的浓度和甘油三酯的浓度，从而达到减肥的功效。

同时，长期饮用普洱茶，可升高高密度脂蛋白水平，减轻肝脏脂肪变性程度，减少脂肪在肝脏中的积淀，减肥的同时亦可减轻肥胖所致脂肪肝的发生。

长期喝普洱茶会导致钙流失么？

普洱茶会导致钙流失，其实是一个以讹传讹的误区。

一个正常的成年人，从生理周期上看，二十五岁以后，就算是喝水也会导致钙的自然流失，这是人体的自然规律。

人体的钙分为血钙和骨钙。血钙又分为营养钙和垃圾钙，营养钙被骨头吸收后，增加骨密度。而垃圾钙会形成碳酸钙结晶，是造成胆结石和肾结石

的元凶。常喝普洱茶，可以让人体内的钙流动起来，保存营养钙，排除垃圾钙，从而加快人体新陈代谢，对人体是有益的。

而二十五岁以上的成年人，无论喝不喝普洱茶，也建议适当补充钙质。

酒后喝普洱茶可以解酒吗？

普洱茶在"解酒界"是当之无愧的佼佼者。

（2018年摄于蛮砖）

很多发酵类的食品都有解酒功能，比如我们经常食用的醋。这是因为很多发酵类食品都含有专属解酒的酶系，比如醇脱氢酶和乙醛脱氢酶，可以最终将酒分解为二氧化碳和水。只是普洱茶在经过多次发酵中，其解酒的酶类靶向更为明显。

普洱茶含有的 L–丙氨酸，在人体中会产生大量的泛酸，以促进酒精代谢的正常进行。另外 L–

普
洱
知
行
录

半胱氨酸能与酒精反应，加速酒精的代谢，并吸收一定量的酒精，提高人体对酒精的承受量。它可以转化为胱氨酸,辅以牛磺酸能修复损伤的肝脏细胞、脑细胞、胃黏膜和组织。从这个意义上讲，普洱茶解酒的过程也是护肝的过程。

儿童和孕妇能喝普洱茶么?

儿童和孕妇是可以喝普洱茶的，但建议主要喝熟茶，或喝正常投茶量一半或三分之一的淡生茶，且不能过量。

普洱茶的干仓
与湿仓

　　我们每次提到普洱茶的越陈越香时，总是不厌其烦地强调，这一切必须以正确的仓储为前提。那什么是普洱茶的正确仓储呢？

　　根据地域气候等条件的不同，我们通常把普洱茶的存储条件分为干仓和湿仓。

　　普洱茶说的干仓绝对不仅仅是干燥的仓储这么简单。干仓是指一定温湿度条件下的干净仓储，需满足年均温度 26 ~ 30℃、年均湿度 60% ~ 70%，

注意：湿度不能超过 70%。

代表性的干仓和干仓茶有 88 青，92 方砖，99
景迈，黄丝带等茶品。我们提倡干仓存放，或利用
现代科技人工控温控湿，进行科学专业存储。

湿仓，就是指潮湿的存储环境了，过于潮湿的
仓储容易令普洱茶发生霉变，影响品质及品饮体验。

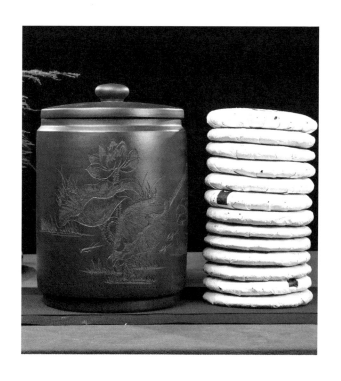

那在潮湿的地区该怎么办呢？首先选择存放茶叶的地点时，应避免低洼、靠近水源，及靠近窗户。茶叶需分类密封处理，放置位置离墙面和地面至少10厘米，以避免水汽从墙面或地面渗透，令茶叶受潮。也可以利用一些工具，比如无毒无味的干燥剂——木炭、竹炭或生石灰放置在房间的各个角落，可以起到除湿的作用。如果湿度超过65%，则需要利用除湿机进行除湿。

在购买茶叶时，我们可以根据外观和口感来辨别干仓还是湿仓的普洱茶。我们以陈期10年的普洱生茶为例。

干仓存放的10年普洱生茶的特点是干茶茶饼油润，有光泽，条索清晰。茶汤香气高扬，略有苦涩，滋味醇厚，汤感明显，汤色金黄、叶底有活力，弹性好，茶气强。

湿仓存放10年的普洱生茶的特点是干茶茶饼乌涂，无光泽，条索模糊。茶汤香气弱、有汤感，滑柔，苦涩感弱，滋味平淡、汤色琥珀红、叶底泥状，无活力。

当然，我们现在还有利用现代控温控湿技术来进行仓储的专业仓，已广泛运用于普洱茶的后期陈化。

普洱知行录

二十五

日常家庭存储

　　日常在家里，咱们储存普洱茶首先要注意选择在干燥、避光、温度适宜，没有异味的房间里，例如专门的储藏间、书房。尽量避免存放在厨房或者卫生间等味杂、温湿度变化较大的房间。

　　另外，避光保存，日光灯也算光。茶叶中的叶绿素、氨基酸等内含物质容易受到紫外线的破坏，致使茶叶变味，茶质弱化；而高温也会加速普洱茶的发酵，令其变味发酸。即便是日光灯也不能长期直照茶品，同样会破坏茶饼表面的茶质，进而影响

242

到茶叶内部。

　　存茶容器的选择首选是紫砂容器，但是价格较高；不挂釉的陶罐是相对便宜的替代品。如果收藏的普洱茶是成箱成件的，则原包装存放。

　　放置茶叶前需对容器进行清洗或煮洗，彻底晾干后再将茶叶放进去。另外还需特别注意易生锈的铁皮盒、塑料袋不能存茶，纸箱也不能有任何异味。

还有一点要注意的是，不能新老茶混放在一起，应该按照年份、批次、生熟分类整理。这是因为普洱茶的香气物质及微生物会交叉吸附，相互掩盖或改变。如果把老茶和新茶放在一起，容易让老茶染上新茶的味道，那就得不偿失了。

同样的道理，生茶和熟茶也不能混放，由于香气类型和微生物不同，混放难以让茶品获得纯正自然的品质。

普洱茶存储的温度和湿度是相辅相成的，通常我们家庭存储以人体比较舒适的温度存放即可，即干仓的环境温度一般在年均 26 ~ 30℃之间，这是最佳的转化温度，过高或者过低，都会影响普洱茶后期的转化口感。

绎迦之言

后 记

后记

　　书稿终于完成了，心中既有如释重负，也有些惴惴不安。与普洱茶结缘二十多年来，着迷于它的源远流长，又折服于它的博大精深。

　　在普洱茶相伴的日子里，我结识了太多的茶友，从云南到北京，到上海，到深圳，真正做到了以茶会友，饮茶结缘。同时，也接触到对普洱茶各种各样奇葩的认知，比如，生茶放久了就会变成熟茶；比如，生茶就是从树上采下树叶压成饼就行了；比